Essays & Photos

自然がほほえむとき

エッセイ
Izawa 伊沢紘生 *Kosei*

写真
Matsuoka 松岡史朗 *Shiro*

東京大学出版会

When Nature Smiles
Kosei IZAWA, Shiro MATSUOKA
University of Tokyo Press, 2016

ISBN978-4-13-063347-5

扉写真：若葉を口にする生後3カ月の双子の赤ん坊。オスの赤ん坊（左）は、体格が小さく
母親の胸がお気に入り。一方、メスの赤ん坊（右）は、好奇心旺盛、積極的に動き回る

はじめに　**自然の親しみ方**

伊沢紘生

陽光が無遠慮に降り注ぐ真夏の昼下り、額から間断なく汗が滴る。双眼鏡が曇る。でも木陰には入れない。山奥の、林道の前方20メートルほどの所を、サルたちが横切っている最中だ。群れの頭数と構成を知る願ってもないチャンスを、ここで逃すわけにはいかない。

つるべ落としの秋の日が山の端にかかる。冷たい空気が肌に痛い。サルたちはたわわに実をつけたコナラの大木を駆け登っていく。めったに走らないシカが、サルの落とすどんぐりを求めて、四方八方から全力で走って来る。帰路は遠いが、もうひと粘りしよう。オス、メス、コドモの何頭が木の下に集まって来るか、記録に留めたい。

地吹雪が真横に走る。耳がちぎれそうだ。手の指先の感覚はすでにない。しかしいま、精根尽きた落鮭をめぐって、オオワシとオジロワシ、ハシブトガラス、ウミネコが、四者四様に振る舞いながら争っている。どう決着するかを見届けたい。

期日を少しずつずらして、スギの花粉が、ヒノキの花粉が、モミの花粉が、黄色い煙幕を樹間に張る。雨上りの澄んだ朝、山道を歩くと、どの水溜まりも真っ黄色だ。クリンソウが沢筋を濃いピンク色に染め、そこに、この地域では春一番に羽化するヒメクロサナエの姿が見られるのも、もうすぐだ。

そんな、四季折々の自然に浸りながら、これまで、半世紀を超えてフィールドワークに勤しんできた。それでもなお、自然は変化に富み、例外が多く、どこまでも奥深い。

自然に身を置いていると、ふと、「あること」が気になる。それが二度、三度と重なると、気になりだす。そうこうしているうちに、あることが少しずつわかってくる。その過程や、あることが広がりを見せ始める過程が、じつに楽しい。

ときには、自然の方から「謎」を仕掛けてくる。それは、いいかえれば、その人にオリジナルな問いかけや疑問が生じたということだ。初めのうち、わかったと早合点していたことが、よくよく観察すると、さらにわからなくなることもある。謎をめぐる広がりの先に、より魅力的なものが見えたりもする。それらすべてが、謎解きの面白さだ。いずれ、点が線に繋がることも多い。もちろん、どんでん返しを食らうことだってある。

このような楽しさや面白さの繰り返しを通して、「あるもの」や「謎」にはまっていく。そして、いったんはまると、なにものにも代えがたい醍醐味が味わえるようになる。他人（はた）から見たらごく些細なことでも、その人にとっては、涙が出るほどに感動したり感激したりするものだ。しかも、ほかから与えられたものではないそれらは、たとえば、映画やテレビドラマに感動したり、美味しい料理に感激するのとは質的に異なり、その人にとって、忘れられない一生の宝物になる。

もうきりがなくなるし、さらに深く知ろうと、いたずら心を起こして、こちらからなにかを仕掛けたくもなる。

ところで、私はこれまで、自然を対象にしたフィールドワークは、五感と五力（ごりょく）の総合科学だといってきたし、自らにいい聞かせてもきた。

五感とは、五官を通して外界の事象を感ずる視、聴、嗅、味、触の五つの感覚であり、誰もが知っている。私はそれを、自然の中で、最大限研ぎ澄まそうと努めてきた。そうしないと、観察力を養うことができないからだ。

では、観察力とはなにか。観察する力とは、研ぎ澄まされた五感が受け取るさまざまな情報や事象に対し、直感力、類推力、洞察力、想像力、独創力の五力を、フルに稼働させることである。

これら五感と五力を磨いていくと、自然は、いわゆる「自然科学」のわくを超えて、なお刺激的になる。すでに「総合科学」としかいいようのない領域に入っているのだ。

とはいっても、ひとり勝手に楽しんだり面白がっているだけでは、研究者の分際でと揶揄されかねないし、どう楽しみ面白がったのか、いかに感動し感激したかは、きわめて個人的な色彩が強いし、理屈でない部分も多いから、研究論文や学術書などにはとうてい書きようがない。

しかし、自然に親しむには、そのような体験の積み重ねが大変重要だと私は思っている。そこで本書では、自らの体験を、参考事例として、エッセイで表現した。

同時に、青森県下北で長年フィールドワークを共にしてきた動物写真家、松岡史朗氏に、共著者をお願いした。エッセイと共に動物写真もまた、人を自然にいざなうすぐれた媒体だからである。ただ、共著とはいっても、普通に使われている意味での共著ではない。目指したのは、野生動物、とくにサルの研究者と写真家（あえて偉そうにいわせてもらえば科学者と芸術家）が、それぞれに自己流を通しながらも、絶妙なコラボレーションによる、他に類を見ない体裁の、自然に親しむための道先案内書である。

なお本書は、私たちがサルにこだわってきた経歴から、最初の4章は主にサルに関係したエッセイと写真になっているが、第5章はけもの、第6章は鳥と昆虫と植物、第7章は自然の中での子どもや学生についてである。

このような章立てだが、本書への接し方は、手にしたみなさんの自由である。最初にエッセイだけ読み進めてもいいし、写真を通しで味わってもいい。興味ある章からページを開いてもいいし、関心のある項目を選んで、写真と関連づけながら拾い読みしてもいい。そうしたみなさんのひとりでも多くの方に、本書が自然に親しむきっかけになれば幸いである。

CONTENTS

第6章 生きものたちの世界 145

第7章 子どもたちとともに 193

●写真構成

前頁目次写真：初夏、緑の海原の岩場でくつろぐサルたち。見晴らしのいい岩場は絶好の休息場だ►

第1章

誇り高く生きる

尊厳　豊かな表情が物語る

捕らわれの身の哀しい歴史

動物はなんと鳴くか。イヌはワンワン、サルはキャッキャッ、キジはケンケンと鳴くと、江戸時代に発行された有名な『桃太郎宝蔵入（ももたろうたからのくらいり）』（夷福山人（いふくさんじん）作、歌川広重（うたがわひろしげ）画、1834年頃）には書かれている。そして、現在でも、誰もが知っているかれらの一般的な擬声語は、ワンワン、キャッキャッ、ケンケンだ。だが、それではサルがあまりに可哀そう過ぎる。

それは6月末（2007年）の午後、宮城県金華山（きんかざん）でのことだ。この島の南部にすむサルの群れは、金華山灯台のヘリポートのある一帯で、シカと一緒に、シバの穂を夢中で食べていた。

この群れはあまり人馴れしていない。警戒されないよう静かに接近する。と、灯台直下の断崖絶壁から、突然、ハヤブサが鋭く鳴いて飛び立つ。そして、私の頭上をかすめ、前方の枯れたクロマツに止まる。そこでケケケケとけたたましく、私に威嚇の音声を発する。

近づく私を見て、シカがのそりと立ち去る。サルの何頭かは、私とハヤブサの両方をちらっと見やる。それでも、全員がシバの穂食いを続ける。さらに接近する。ハヤブサが飛び立ち、海面すれすれを飛んで一周する。戻りぎわ、サルの頭上3、4メートルの所を、びゅうと猛スピードで滑空し、少し離れた立ち枯れのクマノミズキに止まる。滑空の瞬間、サルは、誰かが低くギャンと鳴き、一斉に崖下へ走る。ハヤブサの、私への威嚇がまた始まる。

そのとき、恰幅のいいオスが、逃げ込んだ崖下から、肩を怒らせ、背を弓なりに反らせて、シバ地に登ってくる。オスはハヤブサに向かって一直線に進む。突っ立つ私を気にする様子はない。前方、ヘリポートの脇にある、照明用の細い電柱に勢いよく駆け上がる。毛を逆立て、電柱を力一杯揺すりながら、ゴゴと吠える。猛禽類に対するサルの雄壮な示威行動を見たのは、久しぶりだな。
すぐあとの7月初め、山梨県大月市の北部、人のめったに訪れない葛野川源流域にいき、サルの群れに出会う。その瞬間、大柄なオスがカラマツに駆け登って、激しく木を揺すり、ガガと吠えて私を威嚇する。迫力に満ちたこの音声ガガは、秋の交尾期、発情したメスを求めて群れに接近したハナレザルが、自己を誇示して頻繁に発する。群れのオスも、同じ音声で応酬する。

したがって、古来日本人がサルの声で最も馴染んできたのが、このゴゴやガガであったのは間違いない。奈良時代の『常陸国風土記』（721年頃）では、サルはココと鳴くという。平安時代末期の『今昔物語集』（作者不詳、1110年頃）ではカカと鳴くという。実際、ゴゴともガガとも聞こえるこの音声を、当時の人々は濁点をとって、より強い響きを持たせたのだろうか。

ところで、動物の擬声語には、その動物の攻撃的な、威嚇的な、ないし自己主張する場で発せられる音声が多い。たとえば、イヌはワンワンと吠え、ネコはニャーオと唸り、ウマはヒヒーンといななく。ウシのモウ、キツネのコンコンも同様だ。

ホトトギスの〝特許許可局〟、センダイムシクイの〝ちょっと一杯ぐいー〟、フクロウの〝ごろ助ほっほ〟など、擬声語をひとひねりした鳥の「聞きなし」のほとんどは、繁殖期のオスの高らかななわばり宣言である。なのに、どうしてサルだけ、恐怖にかられたときに発する弱々しい悲鳴が、いつの間にか擬声語になってしまったのだろう。

理由はおそらく、少なくとも江戸時代このかた、多くの日本人はサルを、短い紐で繋がれた、あるいは狭い檻に入れられた状態でしか、直接見る機会がなくなってしまったからに違いない。野生では賑やかなサルだが、そのような状態では全く音声を発しない。ただ、人が近づいたときだけ、キャッキャッと引きつった悲鳴を発する。すなわち、サルのこの擬声語には、数百年にわたる、捕らわれの身の哀しい歴史が秘められていたのだ。

人が失った自然の治癒力

深手を負ったときに野生動物が見せる自然治癒力は、まさに驚嘆に値する。

仙台市にある教員養成大学に赴任した翌年（1982年）から、私は学生たちと、宮城県金華山で野生ザルの生態調査を開始した。その秋はブナの実が豊作で、十分に栄養を貯えたどのオスもメスも、繁殖行動に余念がなかった。オス同士の争いも絶えない。

11月18日の夕暮れ、尾根近くにある大きな岩の上で、交尾している一組のカップルを発見する。双眼鏡を当てる。目を疑う。なんと、メスの背中に馬乗りになった壮年のオスは、血だらけではないか。

交尾期のサルは、オスもメスも性的に興奮しているせいで、人をあまり恐れない。さらに接近し、再び双眼鏡を当てる。オスの頭皮が額から後頭部まですっかりめくれ、はがされた頭皮が首のうしろにぶらさがっている。ほんの少し前、尾根のすぐ裏側で激しい喧嘩の声が聞かれたが、一方はこのオスだったのだ。きっと、背後から組み敷かれて、額を噛みつかれた。相手の鋭利な犬歯が皮膚を突き破り、頭蓋骨に当たって後方に滑ったか、このオスが頭を揺すって相手を振りほどこうとした。その結果、頭皮が後頭部まで犬歯で切り裂かれ、すっぽりむけてしまったのだろう。

大量の鮮血が、顔面や耳の両脇や首根っこまで、頭からあらゆる方向に滴っている。凄惨としかいいようがない。

それなのに、なおこのオスは、悠揚迫らぬ態度で交尾を続けている。鬼気迫る鮮烈な光景に、私はどのくらい茫然自失の状態だっただろう。あたりに夜の帳が下り始めていた。

1カ月後、再びこのオスに山で出会うが、遠くからでもひと目で識別できた。頭皮のめくり取られた全体が黒く丸いかさぶたになっていて、誰が見ても、即座に河童を連想するに違いない。

この〝河童ザル〟と相前後して、青森県下北にすむ群れの主だったオスが、やはり交尾期の争いで下腹部を縦に切り裂かれ、腸らしきものがだらりと外に出てしまった。それでもオスは、なにごともなかったように日常生活を続け、1年後には外側に白く薄い膜が張って、半分ほどの大きさに縮まり、3年後にはすっかり腹の中に収まって、外見からは、傷跡さえ毛に隠れて見えなくなった。

その後も毎年、交尾期には、金華山や下北や石川県白山で、手や足や顔や背中に深手を負ったサルを、何頭も目撃してきた。そして、いずれのサルも、苦痛の素振りすら見せず、いつの場合も、気がつけば完治していた。

昨年(2005年)12月26日も、金華山で、オトナのメスが左脇腹、乳首の少し下部を切り裂かれ、ピンク色がかった赤くぶよぶよしたものが飛び出した。メスが歩くと、左の肘や膝がそれに当たる。地面にごろりと伏すと、それが石や枯れ枝に当たる。それでもメスは、ごく平然としている。

飛び出したものは、1週間後にはほとんど引っ込み、外側が黒いかさぶた状になる。2週間後にはかさぶたも落ちて、筋肉の引きつった、わずかな跡が残る状態にまで回復する。

このような、サルの示した驚くべき自然治癒力を、私たちは、人類進化のいつの段階で失ってしまったのだろう。あるいは、実際には失ったのではなく、医学や薬学の著しい進歩や発展の中で、それらに身を委ね、自らの内に持つ自然治癒力に頼ることを、放棄してしまったのかもしれない。

サルにとっての死

現在の私たちが持っている死の認識は、人類進化の、いつの段階で獲得されたのだろう。それを境に、ものの見方や考え方、価値観や人生観は、どれほどの変貌をとげたのか。サルの死を間近に観察するたびに、人類の過去に、つい想いを馳せてしまう。

宮城県金華山ではこの春（2008年）、たくさんのアカンボウが誕生した。5月のゴールデンウィークに実施した調査で34頭を確認したから、島全体では50頭を超えているはずだ。このような大量出産があると、きまって1頭か2頭は、生まれてすぐに死亡する。

実際、5月4日に生後3日目のアカンボウが死んだ。母親は、私が6日に島を離れるまで、我が子を小脇に抱え、いっときも離そうとしなかった。

アカンボウは生まれるとすぐ、両手足で母親の腹にしっかりしがみつく。メスは出産後も、それまでと変わらない、移動し、採食し、休息するという単調な日常生活を、群れの仲間たちと送る。ただ、休息時には授乳し、移動時や樹上での採食時には、アカンボウが落ちないよう、片方の手で支えてやる。これらは、一般には母性本能と呼ばれる、出産直後のメスに共通して見られる生得的行動である。

この時期にアカンボウが死亡すると、メスは遺体を片手で抱きかかえて運ぶ。腐敗したり乾燥して細くなると、片手に握りしめて、なおも運び続ける。どれほどの期間そうするかは、腐敗する速さにもよる。悪臭で仲間が近寄らなくなることにもよる。個体差もある。しかし、1週間を超えることはまれだ。それまでに、放棄するきっかけが訪れる。

たとえば、ケヤキの樹上で若葉を採食中、遺体を置いた枝が揺れ、地面に落ちてしまうことがある。脇に置いて岩の上で休んでいるとき、近くで喧嘩が起き、慌てて、遺体を持たずに遠くへ走り去ることもある。群れの移動にうっかりついていき、かなり歩いてから遺体に気づくこともある。カラスが飛んで来て、引きずっていくこともある。

このような偶然がきっかけで、遺体との距離が開く。その直後のわずかな間、これまで通りの我が子に対する庇護と、動かないものはもう我が子でも仲間でもニホンザルでもなく、単なる物体だという認識のはざまで、不安げに低く唸ったり、大声で叫んだり、せわしなく動き回ったり、遺体を触ったり、手で揺すったりと、自分がどうしたらいいかわからない、葛藤する行動が見られる。その光景は、見ている私の方が辛くなるほどだ。だが、数分ないし十数分後には、信じがたいほどけろりとして、ごく平穏な日常生活に戻る。いましがたのあの激情はいったいなんだったのか。

ところでアカンボウは、生後3、4週間を過ぎる頃になると、足腰がしっかりし、目もちゃんと見え、ひとり歩きができるようになる。そして、それ以降は、たとえアカンボウが死んでも、母親はちょっとにおいを嗅いだり、手で触ったりするだけで、そのまま平然と置き去りにする。

出産直後のどのメスにも見られる、我が子を四六時中庇護し続けるという、生得的行動がすでに消滅していて、この時点では、ニホンザルに共通した認識、すなわち、動かなくなり、ついて来なくなったものは単なる物体、という認識に戻っているのだ。

私たちが持つ死を悼む心情のほんのわずかでも、もしニホンザルが進化の過程で獲得していたと仮定したら、そう仮定したニホンザルの行動は、どれほど複雑で、多彩で、洗練されたものになっていたことだろう。

人類の過去に想いを馳せ、サルの行動をあれこれ想像するたびに、人だけが持つ死という認識の、あまりにも深くて重いことに、改めて気づかされる。

食物を選ぶ自由

個々の動物にとって、生きる根本は食べることと食べられないことだ。鳥は巣立ち後、哺乳類は乳離れ後、種類ごとに、どの個体も死ぬまで同じものを食べる。だからこれまで、同一の食物をより多く手に入れようと、個体同士が力ずくで争うと考えられてきた。

北国にすむサルの主食は、春は若葉や花、夏はキイチゴやヤマグワなどの果実、秋はクリやドングリなど樹木の堅果（ナッツ）とアケビやヤマブドウなどの果実、冬は木の芽や樹皮だ。アカンボウは半年もすると乳離れするが、その頃には、オトナと同じものを、自力で食べることができる。

ところが、宮城県金華山にすむサルは、少し事情が異なる。梅雨の間、ここのサルの主要な食物の一つはきのこである。この季節、シメジやハツタケの仲間が次々に地面から顔を出し、傘を開く。毒々しい赤色をしたタマゴタケも目につく。

草が繁茂し、見通しがきかないから、きのこ探しは行き当たりばったりだ。コドモは縦横無尽に藪をくぐり、けもの道を先へ先へと急ぐ。ワカモノも同調する。後方のオトナたちは、群れの移動がなぜ速くなったのかわからないまま、コドモが食い散らしたきのこのかけらを拾いつつ、ただついていく。

そのずうっと先、開けた草地で、きのこを詰め込んで頬袋をはちきれんばかりにふくらませたコドモたちがひと息つき、握りこぶしで頬袋から口の中に押し出して食べる。遅れて到着したオトナたちは、やれやれといった表情をして、休息する。

真夏の7月と8月、それに厳寒期の1月から3月、島のサルの主食は海藻だ。とくにワカメやチガイソの根元部分が大好物だが、どのサルも体が濡れるのをひどく嫌うから、海水面下のそれらは、潮が引いて、かつ、波がある程度ないと採れない。

寄せては返す波の大きさには周期があり、大きな波が4回ほど打ち寄せると、続く4、5回は小さな波しか来ない。コドモやワカモノはそれを読み、小さい波に変わったときに、波打ち際へ大急ぎで走り、波が引ききった瞬間、海藻の根元を素早く歯で食いちぎる。それを口にくわえ、陸地の方へ駆け上がる。1メートルもある長い海藻を引きずり上げたかれらは、じつに誇らしげだ。両足を投げ出し、根元部分を悠々と食べる。食べ終わると、再挑戦に身構える。

年かさのオトナに、そうする機敏さは乏しい。老齢のオスは、コドモやワカモノが食べ残した海藻の葉の部分を拾い、黙って口に運ぶ。

秋はクリやブナなど、落葉樹の堅果の季節だ。それらは年ごとに豊作、凶作の差が著しいが、オニグルミだけは毎年、ほぼ同じ量の実をつける。

オニグルミの殻は特別に固い。オスは7歳以上のオトナでないと噛み割れないし、メスではオトナになっても割れない個体がかなりいる。だから多くの場合、クルミ林にどっかと腰を下ろし、奥歯で噛み割って悦に入っているのは、屈強のオスだ。コドモやワカモノは、オトナが割って捨てた殻にわずかに残る中身を、爪でほじくり出して食べる。

金華山のサルが示した、このようなきのこや海藻やオニグルミ食いの、性や年齢による違いは、同じ食物を求めて腕力を競い合うと考えられてきたサルの生き方のかなたに、それとは異次元の、おそらく、食物選択の自由や楽しみといっていい世界が広がっていることを想像させる。そして、ニホンザルだけでなく、すべての動物にも、損得や勝ち負けといった表面的な生き方の根底に、ゆとりや遊びといった、多様な個の生き方がしっかり根づいているように、私には思える。

感激と宿題

かつて、強く望みながらも果たせなかった夢が、ある日突然、あっけなく実現することがある。古来、神と崇められた白猿の観察も、その一つだ。

いまから30年ほど前、山形県の西吾妻山で白猿が見つかった。米沢市の南、ひなびた白布温泉のある一帯を行動圏にする野生の群れにである。

仙台市にある教員養成大学に赴任した1981年当時から、私はかねがね白猿について調べたいと思っていた。サルは人と同じく、五感のうち視覚に強く依存して生きる動物である。きわ立って体色の違う白猿は、仲間から差別やいじめを受けていないだろうか。受けていれば、どんな差別やいじめなのか。受けていなければ、その理由はなんなのか。それを、ぜひ知りたい。

ニホンザルにかぎらず、野生動物の中に、体色の白い個体が突然出現する事実は、よく知られている。それには三つのタイプがある。一つはアルビノ（白子）で、色素を生じさせない遺伝子（劣性）による。アルビノの目は赤い。

もう一つは、体毛多型と呼ばれるもので、アルビノのように一生涯純白ではなく、成長とともにクリーム色か茶色がかる。目の色は普通である。そして、アルビノと違って優性遺伝するから、両親の片方がこの遺伝子を持っていれば発現する。

さらにもう一つは、手足や指、尾の先などが斑紋状に白くなるもので、これには遺伝子がいくつも関与し、その集積で起こるが、実際のメカニズムはよくわかっていない。

白布温泉の群れでは、その後も白猿が生まれ、これまでにアルビノが1例、体毛多型が4例という。私が観察したいのは両方だ。準備を進めた。だが、宮城県金華山や宮城県西部、青森県下北（しもきた）、石川県白山（はくさん）での継続調査のうえに、アマゾンの熱帯雨林にすむサル類の調査を開始したため、白猿調査は、以後もずっと棚上げにされたままだった。

それが、毎年2月に実施している白山での今年（２００５年）の調査で、開始早々、寝泊りの基地として借用している作業小屋近くまで来る群れに、白いアカンボウが生まれているのを知った。母親は初産で、白猿はメスである。目は黒いから、アルビノではない。

雪が降っては雪崩れる急峻な斜面を、母親の腰にちょこんと乗って移動していく。雪の無機質の冷たい白に、白猿の温かい白色がひときわ鮮やかだ。

この群れには昨春、白猿を含めて8頭のアカンボウが生まれたが、比べても大きさに遜色はない。母親のお母さんと思われる老猿が寄り添っている。棚上げされていた夢が、こんな形で実現するとは。私はまた一つ、フィールドワークの醍醐味をかみしめていた。

ところで、専門家によれば、白いアカンボウが生まれた遺伝的要因として、二つのことが考えられるという。一つは、その群れ、ないし周辺の群れにかつてから白猿が存在し、体毛多型の遺伝子がその地域のサルに受け継がれていた場合だ。しかし、これまで30年以上続けてきた調査では、一度も白猿を見ていないから、この要因は否定される。

もう一つは、白いアカンボウか、母親か、近い世代に、体毛多型の突然変異が起きた場合である。ただ、体毛多型の遺伝学的説明は家畜からの類推で、サルでも優性遺伝するかどうかは確証がなく、アルビノと同じく劣性遺伝する可能性もあるという。もしそうなら、この白猿か母親が、これから産む子の2頭に1頭は白猿になるはずだ。

長年の夢が実現した喜びと同時に、私は、初産の母親が次に産む子や、アカンボウの白猿が成長後に産む子の体色を、これから何年も調べ続けなければならないという、大きな宿題を背負ってしまった。

天災と人災と

最近、地震や集中豪雨や竜巻が頻発している。このような自然現象が、人の生命や生活に被害を及ぼしたとき、一般には、それを天災（自然災害）という。

では、自然に密着して生きるサルは、それら突発的な自然現象に、どう対処しているのだろう。残念ながら、その現場に立ち会える偶然の機会は、けっして多くない。

これまでで、激しく揺れる震度4以上と思われる地震が、サルの観察中に起こったのは2回しかない。いずれも宮城県金華山でのことだ。島では、大きな地震の際、その前触れとして、地底からの雄叫びのような、ゴォーという地鳴りが聞かれる。その瞬間、私はあたりに広がるサルへ、全神経を集中させる。

最初は、見通しのいい斜面にいるときだった。サルは、樹上や地上で採食したり、岩の上で毛づくろいやうたた寝をしていた。地鳴りにどう反応したかは、とっさのことでよくわからなかったが、とくに目立った行動をとるサルはいなかった。続いて、地面がぐらぐらっと揺れると同時に、岩の上のサルは一斉に跳躍し、てんでに数メートル突っ走る。その瞬発力たるや、神がかり的だ。うち4頭が、走りざまにギャンと鋭く鳴く。こうした反応は、岩が突然動くのが、サルにとって青天の霹靂(へきれき)だからに違いない。

地上のサルは、揺れた瞬間に、食べるのを止める。二本足で立って背伸びし、あたりを見回すサルが3頭いた。岩から跳び下りたサルの方へ、一目散に走るサルが6頭いた。樹上のサルは、木の揺れには知らん顔で、ギャンという声の方向をちらっと見ただけだった。

揺れはすぐに収まる。地上のサルは、きょとんとした様子をちょっとしたあと、それまでと変わらぬ平静な状態に戻る。樹上のサルが地震に無反応だったのは、木の枝は強風でよく揺れ、馴れっこになっているからだろう。もう1回の観察もほぼ同様だった。

突然豪雨がやって来て、雷が鳴り、稲妻が走って、近くのモミの巨木に轟音を発して落ちたことが一度ある。やはり金華山でのことだ。私は岩の洞で雨宿りしていて、その瞬間、地震のときと同じギャンを、三方向から聞いた。少しして、小降りになったので、様子を見に洞から出た。サルはみな、豪雨の前とほぼ同じ場所に、うずくまったままでいた。

雪崩は、豪雪地の石川県白山(はくさん)では頻繁に起こる。雪崩の落ちる沢筋は地肌が露出し、食物となる草本類が多いから、サルは冬場、しょっちゅう利用する。

底雪崩の場合は、最初に、小石や氷状の雪礫がばらばらと落下する。そのあと、上方から大きな音が聞かれ、雪の塊が重なり合って、谷を滑り落ちる。サルはいつのときも、悠然と回避する。

問題は表層雪崩（あわ）である。私が見下している真向かいの急斜面で、草本類を採食中の群れを突然襲う。あわは雪煙を巻き上げながら、猛スピードで谷を駆け下る。雪崩道にいた5頭は、ギャンと叫んで脇の岩に跳びつく。そのとき、一緒にいたカモシカは、あわに巻き込まれて谷底に落ちたが、サルは全員無事だった。

ずっと下流には、水力発電用のダム湖がある。常駐の職員によれば、春先、カモシカの死体は、ときに水の取り入れ口の金網に引っかかるが、サルの死体が流れ着いたことは一度もないという。四肢を手にも足にも使えるからに違いない。

水を嫌うサルが、土石流や川の氾濫に巻き込まれるとは、とても考えられない。とすると、サルに天災と呼べるものは存在せず、いまの日本で生命や生活が脅かされるのは、人の銃やわなによる捕殺、すなわち〝人災〟だけである。

このような、突発的な自然現象に対するサルの対処を通して見ると、私たちを襲う自然災害は、いったいどこまでが、止むを得ないほんとうの意味での天災で、どこまでは、むしろ人災の要素の方が強いのか、真剣に考えてしまう。

哀愁

サルも歳をとると童心に返るのだろうか。

今年（２００４年）の2月末、石川県白山でのことだ。前夜までの猛吹雪が嘘のように、早朝から白銀の峰々があまりにまぶしい。私は長靴にかんじきをくくりつけ、V字型の険しい谷を、上流域目指してひたすら歩いていた。

長く続く急斜面をほぼ水平に横切った先で、視界が大きく開ける。正午をすでに過ぎた。喉もかわいたし、昼飯にするか。腰を下ろし、ナップザックから握り飯を取り出したそのとき、下方からこちらに、サルたちが登って来る。

全く鳴かない。私を気にする様子もない。先頭のサルが足早にすぐ前方を通過する。取り出した握り飯をあわててナップザックに戻し、背後の岩場へ向かう一頭一頭の性と年齢を、ノートに書き留めていく。近くからの観察だから、性や年齢の判別はたやすい。

20分ほどで、メスとコドモ31頭が流れるように通過していく。最後は恰幅のいい大柄なオスだ。それから少し間があいて、4歳のオス2頭が連れ立ってやって来る。老齢のメスも一緒だ。

老メスはチャックが開いたままのナップザックを凝視し、立ち止まる。目が合う。口の両脇を引きつらせて泣き面（自分が弱いことを示す表情）をする。そうしながら、なおも接近し、屁っぴり腰で二本足で立ち、中をのぞき込む。キッと低く鳴いて手を伸ばす。オレンジを一つ入れてあるが、見つかってしまったか。とっさにナップザックを膝元に抱え込む。

この群れは1966年に餌づけされ、しばらくは観光客誘致にひと役買った。しかし、行動圏を広げ、ずっと下流にある集落の畑に進出するようになって、9年前（1995年）に餌づけが中止された。だから、私の存在を無視して目の前を通過していった33頭のうち、9歳以下のサル22頭は、人から餌をもらうことを知らない。残りの11頭も、コドモ時代までしか、餌をもらっていないはずだ。

かれらにとって、人は美味しい食物をくれる特別な存在ではなく、同じ山に共に暮らすカモシカ同様、どうでもいい動物というわけだ。唯一の例外が、この老いたメスである。腰が落ち、足はかなりのO脚だ。25歳は超えている。白山にすむサルではほぼ寿命で、頑張って生きても、あと1、2年だろう。老メスはなおも、膝に抱えたナップザックと私の顔とを交互に見やる。表情が次第に切なさを帯びてくる。群れはもう視界から消えた。

サルにかぎらず、野生動物にむやみに餌を与えることは、厳に慎まなければいけない。私は逡巡する。だが、老メスは生まれてから15年以上、人の勝手な都合で、与えられる餌に慣らされてきた。寿命も近い。私のこの行為が、群れのサルに悪影響に及ぼすことはけっしてないだろう。岩場の奥にサルの姿が見えないことを、双眼鏡でもう一度確かめる。ナップザックからオレンジを取り出す。ナイフで横に半分に切る。やせ細った腕が伸びる。半分を手渡して、半分は私が食べる。

老メスは大事そうに両手で抱え、皮を食べ始める。すっかり食べ終わったところで、皮のむけた中身をしげしげと見る。そして、その全部を頬張って、口をもぐもぐさせる。

どのサルも、このようなとき、がつがつと皮と中身を一緒にかぶりつくか、皮をせわしげにむいて、まず中身を口に押し込むのが常だ。そのあと、これ以上もらえないとわかると、捨てた皮を拾って食べる。ところが、老メスは違った。おいしい中身を、最後に、いとおしむように食べた。人の幼子に特徴的な行動とそっくりだ。私は老メスの仕草に童心を見ていた。

もう少し一緒にいたい。しかし、万が一にでも群れが戻ってきたらまずい。未練を断ち切って、ナップザックを肩に、走って斜面を下る。広い河原に出る。振り返る。老メスは岩場の奥、群れのいる方へ、ゆっくり歩を進めていた。

そして翌年冬、群れにこの老メスの姿はなかった。

音を楽しむ

野生のサルに、きれいな音や不思議な音を、日常生活とは直接結びつかない形で、自ら奏でて楽しむようなことはあるのだろうか。

昨年（２０１４年）11月下旬、例年通り宮城県金華山で、島にサルが何頭いるかを、仲間たちと調べていた。その日、私が担当したのは、島にいる6群のうち、一番南に行動圏を持つ群れだ。

群れは、島を南北に走る主稜沿いに、ニガイチゴのまだ緑色の葉や、サンショウやアオハダ、アオダモの樹皮、チヂミザサの地下茎などをてんでに食べながら、南に向かってゆっくり移動していた。この秋はブナやケヤキ、シデ類（アカシデとイヌシデ）など、落葉樹の堅果（けんか）（ナッツ）が全くといっていいほど稔らず、そういった貧弱な食物を求めざるをえない状況だった。

しばらくいった先で、群れからオトナのオス2頭とメス4頭の一団が分かれ、主稜より３０メートルほど下方にある、3本のオニグルミの木へ向かう。かれらの動きについていく。

6頭の集団は木の下に着くと、クルミの落果を思い思いに拾っては口に運び、固い殻を歯で強引に噛み割って食べ始める。

クルミの木のある近くからだと、主稜がよく見通せる。私はそこから、主稜沿いに移動するサルたちを、斜面下方から見上げる形で、頭数を数えていく。下方から見上げると、外部性器が見やすいので、まだ小さいコドモでも、オスかメスかをなんとか判定できる。

20分ほどが経過する。右手の斜面下方から、変な音がする。振り向くと、壮年のオスが、長く放置されて錆びた、横倒しのドラム缶の上に座って、クルミの実を擦りつけている。クルミの落果は、落ちてしばらくは、腐った果肉が殻の表面に黒く付着している。サルは地面や石に擦りつけ、それを除去する行動を、ごく普通にする。しかし、オスがいまそうしているクルミを双眼鏡でよく見ると、果肉は付着しておらず、風雨に晒されたのだろうが、殻がきれいに露出していて、色はくすんだ茶褐色だ。

しかもオスは、右の手のひらで殻を押しつけ、左の手のひらをその上に添えて、腕が真っすぐ伸びきるまで前方に強く押しては、ゆるく手元に引くという、ドラム缶に殻を擦りつける行動を、同じ要領で、かつ同じ速さで、何回も繰り返す。

クルミの殻は固く、表面には細かい凹凸がある。だから、前方に押すときは、シャーとかグァーという響きを伴う強い音が、手元に引くときは、弱いジャーとかキィーという音がする。

とっさのことで、残念ながら回数を数えなかったが、10回以上だったことは確かだ。その間オスは、自分が発生させている音に驚いたり、怖がったり、不思議がったり、あるいは殻を噛み割れなかったことに苛立ったり、といった様子は少しもなく、いたって温和な表情をしていた。

その途中で、クルミ林に来た6頭の集団の、もう1頭のオスと1頭のメスが、群れの方へ急斜面を登っていく。ドラム缶上のオスを気にする様子はない。一方、ドラム缶上のオスは、擦りつけを止めてひと息ついたあと、殻を右手に持って、今度はドラム缶に叩きつけ始める。ドラム缶が、ごく小さい深い谷の中に横倒しに転がっているせいもあって、音は一回ごとに、カーン、カーンと大きく、よく響く。

オスは15回ほどでドラム缶叩きを止めると、殻をぽいと、なにかを払いのけるときのような仕草で、無造作に捨てる。そうしたあと、群れを追って斜面を登り始める。

オスとの距離が開いてから、捨てられたクルミの殻を拾いにいく。すぐに見つかる。金華山のオニグルミの殻としては大きい方だ。一番ふくらんだ所の直径を計ると3・5センチメートルある。また、表面はきれいで、オスが力一杯噛んだ痕跡や虫食い跡などは全然ない。しかも、重みのあることから、中に胚乳が入った状態の殻だと判断された。

それを確かめるため、あとで殻を割ってみたら、胚乳は入っていたが、腐っていた。

私はアマゾンで、チンパンジーに匹敵するほどの賢いサル、フサオマキザルがクルミよりずっと固いヤシの殻を手に持ち、タケの節に叩きつけて割って食べる行動を、幾度となく観察した。そして、いましがたのオスの行ったドラム缶叩きが、それとよく似ていることに驚かされた。決定的な違いは、フサオマキザルのように、腕に力が込められていなかった点だ。飼育下や餌づけされたニホンザルではいざ知らず、野生のかれらで、手でなにかを持って、目的はなんであれ、繰り返し叩きつける行動を、しかと見た記憶が私にはない。

このオスの、クルミの殻に付着したえぐい果肉を除去するためではない擦りつける行動と、なんとか割ろうという気負いや必死さや強い意志のようなものが微塵も感じられない叩きつける行動のいずれもは、食物を得るという、生活上の必要性からは乖離している。

では、推定で15歳前後の、壮年のオスが突然行ったこの行動は、いったいなんのためだったのだろう。そして、そのときのオスの心境は……。

この群れを私は、1982年以来ずっと調査している。そして、群れがドラム缶のある一帯で採食したり休息するのを、繰り返し見てきた。それなのに、このような行動をとったサルを、いままで一度も見たことがない。しかも、この行動が、好奇心の旺盛なコドモやワカモノにではなく、体格のすぐれて立派な、保守的なオスで観察されたのは、どうしてなのか。

音を奏でて楽しんでいるとしか見えなかったオスの行動から、私は、もうずいぶんとわかったつもりでいたニホンザルの、まだ未知の奥深さと手ごわさを思い知らされた。

左頁：「ガッ、ガッ」仲間のいざこざに雄叫びで応じるオスザル

下：出産直後に死亡した我が子をいつもそばに置く母ザル。生活反応も消え、縫いぐるみ然となっていた

上：大怪我の右胸が痛むのか、ぐったりと横になるメス。母の異変に寄り添う3歳メス。どこか不安げだ

左頁：ミイラ化した我が子の足をじっと見つめる母ザル。死の認識はあるのだろうか。戸惑いの中にいるようだ

傷を負う／子ザルの死

白猿

右頁：山形県米沢市近郊、西吾妻山系に生息する2歳のメスの白猿。体毛は白色、顔・手・足と肌は淡いピンク色、瞳は黒くアルビノではない

上：80頭以上の群れで暮らす。白い子ザルはどう思われているのだろう

下：2015年5月、白猿のオスの赤ん坊が誕生。母ザルはごく普通の体色だった

雨の日

上：アブや蚊が出没しない雨降りは、案外すごしやすいのかも。フキの海で一休み

下：濡れることを苦手としない。ブルブルと水切りすれば、ほとんどの雨粒が飛び散る

左頁：そぼ降る梅雨の雨。全身がしっとりと濡れた赤ん坊。オオイタドリの葉を傘に、雨もまた楽し

秋色になった森、オスザルの熱視線
は誘いのテクニック。ただし、交尾
の主導権はメスザルが握っている

左上：群れから離れ、ふたりの世界を楽しむ

左下：紅葉に染まる山々。高揚するのはサルに限ったことではない。

猛吹雪の中、身をかがめる赤ん坊。「キュウィ、キュウィ」母ザルを呼ぶ鳴き声が雪に溶ける。母の動きを追う大きな瞳。心の温もりを求めている

雪に耐える

温かそうなサル団子。親子、近親者で抱き合う

長生きしても30年。老いた風貌
から憂いや風格が漂う

第2章

群れるということ

仲間意識　頼る頼られる関係

大移動

野生を対象に長く調査を続けていると、ときとして、予期せぬ出来事に遭遇するものだ。そのとき、起こっている、ないし起こりうることの重大性をいかに早く察知し、いかに機敏にそれに対処するかで、野生の奥底に潜む真実を、垣間見ることができるかどうかが決まる。

昨年（2002年）7月4日の早朝、宮城県北部の、サルが全くすんでいない色麻（しかまちょう）町の市街地に、突然サルの集団が現われた。数は、母ザルの腰や腹にしがみついているアカンボウ10頭を含め、全部で41頭である。これは、気ままに暮らすオスだけの一時的な集団ではない。明らかに群れだ。

野生ザルの群れは、土地への結びつきが強く、めったなことでは自分の行動圏から出ていかない。それでは、この群れに起こった〝めったなこと〟とは、いったいなんなのか。また、群れはどこから来て、どこへ向かおうとしているのだろう。

群れはその日のうちに、色麻町から、一級河川、鳴瀬（なるせ）川の右岸に沿ってのびる低い丘陵伝いに、早い速度で東へ移動する。翌日には東隣りの三本木町（さんぼんぎちょう）に入り、7日に松山町（まつやままち）、12日には鹿島台町（かしまだいまち）に入る。そして16日、鳴瀬川にぶつかって、東への移動が物理的にさえぎられる。色麻町のサル出現地点からそこまで、直線距離にして26・5キロメートルだ。

群れはそこでひと息ついたあと、20日になって戻る方向に動き始めるが、28日に移動を止め、松山町と鹿島台町にまたがる丘陵部に落ち着いてしまう。群れが元いた土地に戻ってくれれば、どこから来たかわかるのだが、それは不可能になった。

だがその頃には、多くの状況証拠から、私はこの群れが、最初に現われた色麻町からは真南、仙台市西部で農作物を荒らしている群れから、分裂して誕生した新しい群れだと直感していた。確かな証拠が欲しい。

そんなとき、きわめて重要な二つの情報がもたらされる。群れのいない、仙台市北西部の泉ケ岳（いずみがたけ）と、仙台市の東に隣接する大和町（たいわちょう）の山あいの村で、6月29日と7月1日、北へ向かうサルの集団が目撃されていたのである。

分裂する前の、群れの行動圏の北端から、ずっと北、色麻町の出現地点までは、直線距離で22・5キロメートルある。そうすると、この集団は20日ほどで49キロメートルも移動したことになる。

ニホンザルは、ほかのすべての野生動物も同様だが、きわめて保守的で、すみ慣れた土地にこだわり、そこから出ていこうとはしないと考えられてきた。だが、内には積極果敢な開拓者魂を秘めていたのだ。今回の調査で、サルはその秘めた一面を、鮮やかに、私の前にひけらかしてくれたわけである。

いまから40万年の昔、ニホンザルの祖先が、朝鮮半島経由で勇躍日本列島に渡来したとき、祖先集団も、きっと今回のように、開拓者精神に満ち溢れていたに違いない。そこで、当時の上陸地点を仮に下関とすると、現在の分布の最北限、青森県下北半島へいき着くのに、距離は直線で１４００キロメートルだから、20日で50キロメートルとして、1年半ほどの時間で十分ということになる。

実際は、このようにはならず、移動中さまざまなことが起こり、もっと長い時間がかかったことは間違いない。しかし、ニホンザルの祖先が、オスもメスもコドモも含めた群れで、無人の（無猿の）原野を、肩で（サルだから頭で）風を切って北上していく姿を想像することは、けっして非科学的な話ではなくなった。

私はいま、隊列を組み颯爽と北上するサルたちの姿を想い描いては、ひとりほくそ笑んでいる。

謎が解けた感動の瞬間

人気（ひとけ）のない山奥でサルを追っていると、他人（はた）から見ればたいしたことではないのだが、こぶしをふり上げ、足を踏み鳴らし、喜色を満面に浮かべて大声で叫びながら、ただただ跳びはねたくなる、そんな衝動を覚える瞬間がかならず訪れるものだ。私の長年のフィールドワークは、詰まるところ、この、自分にしか味わいえない体験を求めてのものだったような気がする。

宮城県で一番北にすむサルの群れが、冬場どこにいるのか、私は学生たちと3年前（２００２年）から探し求めていた。現在の加美町（かみまち）、合併前の宮崎町（みやざきちょう）の北部山域に群れがいるのは、地元の人の話からして確かだ。数は30頭とも50頭ともいう。

群れは10年ほど前、突然、民家の裏手にあるスギ林に、栽培シイタケを食べに現われた。5年ほど前からは山裾の畑に出没し、カボチャやトウモロコシにも手をつけ始めた。

この一帯の雪は深い。山々が白一色に塗り潰されれば、見通しがいいから簡単に見つかるはずだ。出会えば、群れの頭数を正確に数えられるし、オス、メス、コドモが何頭ずつか、群れの構成も押えられる。それに、雪面に印された足跡から、居場所を突き止めるのもたやすいだろう。事実、3年前の12月中旬、調査を開始した早々、私は真新しい31頭分の足跡を雪上に発見している。

その冬は、この群れの調査は学生たちにまかせ、私は隣接する旧小野田町（おのだまち）にいる群れを追うことに専念した。それでも、学生たちのサポートで、何回かこの山域にも足を運んだ。いずれのときも、積もった雪は水分を含んで、ひどく重かった。かんじきをはいても膝近くまで沈む。スギの植林地が広がっていて、雪山特有の明るさがない。

おそろしく静かだ。動物の気配がない。食物の乏しい冬期間、サルはヤマグワの樹皮を好んで食べるが、ヤマグワの木はあっても、かじられた跡すら発見できない。

結局、雪深い3月まで頑張って、成果がなく、春にそのことを住民に話した。返事は意外だった。春から秋、畑荒らしに来るサルは見ていても、雪の降り積もったあとは、住民の誰一人としてサルを見ていないというのだ。

記録によれば、山形県との県境に近い旧宮崎町と旧小野田町との境界域一帯には、古くからサルが生息していた。そして、いま探している群れは、昔からの群れが分裂して誕生した片方で、もう片方が旧小野田町にいる群れに違いない。旧小野田町の群れは、かつてからいるといわれていた地域に、実際いた。

2年目の昨年（2003年）の冬、だから学生たちはより西方、奥羽（おうう）山脈の東斜面に刻まれた深い谷々を、精力的に探し歩いた。それでも発見できない。そうして3年目のこの冬、2月12日に、冷たい北風の吹きすさぶ中、予想だにしなかった場所で、学生たちは群れに遭遇する。

そこはなんと、穀倉地帯、大崎（おおさき）平野の広がりや、街並みが近くに迫る、丘陵地帯の東のはずれだった。その一帯だけ、切り立った崖が数百メートルも続き、人を寄せつけない。見通しのよくなる積雪期、人に追われて警戒心の強いサルは、ここに入り込んで、身を隠していたのだ。

これですべてが読めた。旧宮崎町の西部山域では、10年ほど前に大規模なダムの建設工事が開始される。そこがすみかだったこの群れは、より西側の山奥、奥羽山脈へ向かってではなく、10キロメートルも東、市街地の方に向かって高飛びし、いまの場所に冬の〝本拠地〟を構えていたのだ。その直後から、周辺のスギ林でシイタケ食いを始めた。

日暮れて、遅く大学に戻った学生たちに、いつもの疲れた表情は微塵もない。全身からは、彼らだけが味わいえた、謎が解けた感動の瞬間の、熱い余韻が漂っていた。学生たちはそのあと、3月末に卒業した。この得がたい〝宝物〟は、彼らの心の中で、これからどんな光彩を放つことになるのだろう。

メスの強固な結びつきの意外な危うさ

宮城県でサルの調査を始めたのは1962年だから、もう50年余りになる。初めは金華山のサルが中心だったが、仙台市の大学に赴任した1981年からは、県下全域に対象を広げた。

当時は、人里に下りて来る群れはおらず、山奥に分け入ってやっと出会っても、かれらは一目散に深い茂みに姿をくらますのが常だった。

奥羽(おうう)山脈に沿って、北から南まで分布する群れのすべてが、里に下り、人に馴れ、田畑の農作物を荒らすようになった昨今とは、雲泥の差だ。

この、長い野生ザルとのつき合いの中で、予想だにしなかった群れの大移動を、一昨年（2002年）7月に観察した（前々節参照）。仙台市西部にすむ群れから分裂した41頭の集団で、20日間で約50キロメートルを一気に移動し、過去にサルのいなかった、県北の松山町(まつやままち)と鹿島台町(かしまだいまち)にまたがる丘陵地帯に定着した。この大移動を敢行したサルたちを追いながら、私は、かれらが内に秘めた開拓者魂と同時に、道中全くばらけることがなかった、メスの結びつきの強固さを見ていた。

ところが昨年（2003年）の夏、宮城県金華山で、それとは正反対ともいえる事態が突然起こり始めた。島にすむ6群のうち1群で、強固なはずのメスの結びつきが、次々と断ち切られていったのである。それは繁殖の季節（交尾期）と深く関係している。

島のサルの交尾期は、9月から12月である。この季節が始まると、15頭のオトナのメスがいたその群れで、8頭しかいなくなった。その後、交尾期が深まるにつれて、6頭になり、4頭になり、11月下旬にはとうとう、すべてのメスが1頭ずつ、てんでんばらばらに生活するようになってしまった。このような例は、金華山で初めての観察だが、全国各地の数え切れない野外調査でも、一例も報告されていない。

交尾期になると、放浪生活をしていた多くのハナレザルが、発情したメスを求め、群れに接近してくるのが常だ。それらよそ者のオスが、1頭で、ないし2、3頭の仲間集団を作って、発情したメスを次々に群れから連れ出した。一方、オスにつきまとわれてしまったメスは、ハナレザル間やハナレザルと群れのオスとの敵対関係の中で、仲間のところへ戻る行動の自由を奪われた。

そして、年末になってもまだ、群れの15頭のメスは、生まれてからずっと馴染んできた行動圏のあちこちに、ハナレザルと一緒に、たがいに孤立して暮らしていて、これまでの結びつきを回復できずにいる。

金華山のサルは、繁殖の季節が終わり、これから北風が身を刺す厳しい冬を迎える。秋から初冬にかけての4カ月間、散り散りになっていたメスは、執拗について来ていたハナレザルから解放され、再び集まり合って、旧に復するのだろうか。それとも、交尾期に形成されたハナレザルとの親密な関係が個々に維持されて、いき着くところ、メスが死亡するかほかの群れに吸収されて、元からの群れは消滅してしまうのだろうか。

そのいずれにせよ、群れのメスがばらばらになってしまった異常な事態を通して、私は、繁殖という生物として最も基本的な営みの中に潜む、メスの思いもよらぬもろさを、初めてのぞかせてもらった。

その後のことだが、交尾期の終わったあと、9頭のメスが結びつきを取り戻した。しかし、翌2004年の交尾期にも同じことが起こり、冬に結びつきを取り戻したのは6頭である。さらに次の年も同様で、冬には4頭になって、やっとのこと、3年続いた群れの崩壊現象は終焉した。なお、この過程でいなくなったメス11頭は、すべて死亡した。

足るを知る

群れについて歩いていると、ふと、あらぬ思索にふけってしまうことがある。

仙台市西部の山域では、昨年（2004年）の秋、どこもコナラやミズナラなどの実（どんぐり）が驚くほど豊作だった。クリもよく稔った。夏からの異常な高温と多雨で、結実も例年より1カ月近く早かった。その山域には、現在八つのサルの群れがいる。かれらはどんぐりやクリの実を求めて、秋の早い時期から山々を渡り歩いた。そして、飽食したのだろうが、年ごとに深刻さを増す農作物被害は、昨年はうんと少なかった。そこかしこに、クマの糞や足跡やクマ棚（クマは実を取るため枝をたぐってはへし折るが、折った枝は尻の下に敷く習性がある。その残骸がクマ棚）も見つかった。

観光地の秋保大滝（あきうおおたき）のある一帯には、秋口からもう何十回と、群れが採食に訪れていた。その山へ12月初めにもいってみた。そこのコナラ林の地面には、まだ、隙間のないほどびっしりと、どんぐりが敷きつめられていた。しかも、よく見ると、そこかしこで、固いどんぐりの殻が縦にひび割れ、ごく薄い赤紫色の渋皮をかぶった中身（胚乳（はいにゅう）の部分）が顔をのぞかせている。殻と渋皮を脱ぎ捨て、白っぽい中身が二つに割れて開き、地面からもやし状に伸びているものもある。それは、普通なら春の雪融けを待って発芽する、どんぐりの実生（みしょう）である。

実生にはどんぐり特有の強いえぐさがない。豊作の翌春、サルはそれに舌鼓を打つのが常だが、この時期にもう実生まで貪れる。このまま暖冬が続けば、仙台市西部のサルは、なんと快適な冬を過ごせることか。

そこから東の方角、直線距離で80キロメートルほど離れた洋上に金華山があり、この島にもサルがすんでいる。島にはブナとケヤキとシデ類の木が圧倒的に多く、優占樹種である。そして、昨年の秋、これら3種の木はいずれも、サルの好物の堅果（けんか）を全くつけなかった。

コナラやミズナラやクリの木も、島にはあり、それらの木は、仙台市西部と同様、8月にはすでに結実した。だが、実をつけるほど成熟した木はあわせて数百本が点在するのみである。そして、サル約250頭に500頭余りのシカが毎日食べ、それにヒメネズミや多くの野鳥が加わるわけだから、2カ月も経たないうちに食べ尽くされてしまった。

私は11月末にも金華山を訪れた。そこに、例年ならサルが夢中になる木の実はなにひとつなかった。ある群れは磯に下り、色あせた海藻をむしり取ったり、岩にへばりついたカサガイを歯ではがして食べていた。ある群れは落葉をかき分け、チヂミザサの地下茎や草の葉を引きちぎって食べていた。ある群れはサンショウやアオハダの木の皮をかじっていた。ある群れは枯れたハンゴンソウの茎を縦に割り、中に巣食うメイガの幼虫を漁っていた。

仙台市西部のサルと金華山のサルと、自然の恵みのなんという不公平さなのか。しかし、両地域のサルとも、じつにおだやかな顔をして、黙々と食べていた。

きっと、自然のふところ深くで泰然と生きるサルの価値観の中に、刹那に生きる現在の私たちが感じる幸、不幸は存在しないのだろう。かれらは幸、不幸を超越した、足るを知る世界で、静かでふくよかな生を営んでいるように、私には思えた。

予期せぬ決着

自然はやんちゃ坊主のようなところがあって、真剣に向き合えば向き合うほど、いろんな〝いたずら〟を仕掛けてくるものだ。そんな予期しない出来事にうまいこと乗って楽しめば、ときとして、思いがけない成果が転がり込んでくる。

昨年（２００６年）の秋、宮城県金華山では、ブナやナラ類やシデ類などほとんどの落葉樹は、サルの大好きな堅果（けんか）を稔らせなかった。かれらは11月に入るともう、厳寒期の食物、木々の冬芽や樹皮を貪り始めた。どれか一種類の堅果でも豊作なら、冬じゅう、その落果を地面から拾い続け、冬芽や樹皮に見向きもしない年もあるというのにだ。

今年に入って、３月にも金華山を訪れたが、アオダモやアオハダ、サンショウなどの木々は、太い枝や幹まで樹皮を食べられていて、遠目にも、かじられた跡の白さが目立った。その前後に実施した宮城県西部の調査でも、事情は同じで、ヤマグワやコウゾの樹皮がいたる所で徹底的にむかれていた。

私が山梨県上野原（うえのはら）市にある大学に赴任（２００５年）してから、２年が経つ。所属するアニマルサイエンス学科には、野生動物に強い興味や関心を抱く学生が多い。大学からできるだけ近くで、野生ザルの観察に適した場所はないか。これまでの長い経験から、群れがいくつも連続して分布していれば、そこにはシカやカモシカやクマなど、多くの野生動物もすんでいるはずだ。

ところが、山梨県東部から東京都西部にかけての広大な山域は、どこも険しく、幾度足を運んでも、群れがいるという断片的な証拠は集まるが、所在を確認した点が線につながり、面として広がりを持つまでにはいたらなかった。

　意欲に満ちた学生たちのためにも、早く良好なフィールド（調査地）を見つけ出さなければならない。昨年秋の調査では、この地域一帯も、宮城県西部や金華山と同様、堅果のおしなべての凶作がわかっていた。

　おそらくサルは、冬場、道路ののり面に生える草本類のほかに、道路脇の木々の樹皮に強く依存して生活していたはずだ。もしそうなら、車を縦横に走らせさえすれば、群れがどこにどのように分布しているか、その全貌が把握できるだろう。こんな機会はめったに訪れるものではない。

　サルの樹皮食いが、早春の新葉や花食いへと移行する直前、すなわち、葉芽や花芽が急速にふくらみ始める前の3月、卒業生を送り出し新入生を迎え入れるいくつもの行事や仕事の合間を縫って、私は、両都県にまたがる広大な山域の、荒れ放題の林道を含めて道路という道路に、どれほどの距離、車を走らせたことか。

　山奥はまだ冬景色で、見通しがいい。食痕の白と枯れ木や枯れ枝の白色との区別も、いまなら簡単だ。そして、樹皮がかじり取られ、みずみずしい食痕の白が目立つヤマグワやケヤキ、コシアブラ、ウリハダカエデなどの木々が、くすんだ茶褐色の山肌を背景に、延々と連なる地域を発見する。群れが10群以上連続分布しているのは確かだ。

　それに、足跡や糞からは、シカやカモシカ、イノシシも多いことがわかる。クマ棚もたくさんある。野鳥も豊富だ。こんな好適なフィールドが、大学から車で30分余りの所にあったとは。

　自然のいたずら、落葉樹の堅果の大凶作は、結果として、難航していたフィールド探しの決着につながったという点で、私にはなんとも幸せな出来事だった。

ササ藪のけもの道

人里離れた山奥に、ひとり身を置くのが私は好きだ。五感が研ぎ澄まされ、動物たちの気配がそこかしこに感じられるようになるからだ。だが、職業柄、そんな贅沢ばかりはいっていられない。その日も大学の野外実習で、2年生40人を連れて歩いていた。

山梨県大月（おおつき）市北部の山域は、大菩薩峠（だいぼさつとうげ）に近く、三つの大きな河川、東京都の多摩（たま）川と神奈川県の相模（さがみ）川と静岡県の富士（ふじ）川の分水嶺地域に当たっている。峰々は高く、谷は深く、斜面はどこも急峻だ。そこには、日本を代表する野生哺乳類のほとんどが生息しているし、数も多い。

この秋（２００８年）、安物のセンサーカメラをけもの道の一つに仕掛けてみた。1カ月で、シカ、サル、カモシカ、イノシシ、タヌキ、キツネ、ウサギ、テンが、何枚も、のびのびとした姿態で写っていた。カメラには撮られていないが、その間、カメラを置いた近くのミズナラの木にはクマ棚が、地面にはモグラ塚が作られたし、アナグマとハクビシンを目撃している。

実習前日のガイダンスでは、学生にそれらの写真を見せ、動物はいるが、多人数だから姿を見るのは難しい。だから、かれらの生活痕を注意深く探すよう指示する。

標高１４００メートルの等高線に沿って作られた、太い廃道を歩く。オオイタヤメイゲツやハウチワカエデなど、木々の紅葉は終わりに近い。雲が垂れ込め、小雨のぱらつく寒い日だった。

昼近く、カラマツ林を抜けたすぐ先の開けた場所で、班分けして、焚火をさせる。落葉も枯れ枝も地面も、前日の雨でしっかり濡れている。薪集めにはしゃぎ始めた彼らをほうって、私はシラカバとダケカンバの木を探し、薄皮をはぐ。カラマツ林では、細い枝を拾い集め、落葉をヤッケのポケットに詰め込む。最後に、カラマツの太めの枯れ枝を引きずり、15分ほどで戻る。

予想した通り、どの班の焚火にも、まだ火がついていない。私はすぐに燃え立たせ、そのこつを伝授する。燃え盛る焚火は体を温め、人を元気づける。しばらくして、脇道から重い枯れ枝を担いで戻って来た学生が、興奮気味に、「先生、サル」と叫び、斜面下方を指さす。なんと、葉を落したカラマツの木々に、サルが点々といるではないか。

この群れは人を見慣れていないし、警戒心も強い。なのに、脇道から30、40メートルの距離を保ち、サルに興奮する学生たちをちらちら見ながら、それでも何頭かはうたた寝や毛づくろいをしている。

脇道は、太い廃道からカラマツ林の縁に沿って斜面を下る、50メートルほどのブルドーザー道だ。カラマツ林の下は密生したササ薮になっている。

脇道とは廃道を挟んで反対側、斜面上方のコナラ林から2回、サルの声を聞く。薪集めの学生たちが近くにいない隙をついて、若いオス3頭がササ薮から勢いよく脇道に飛び出し、廃道を横切って、声の方へ駆け上がる。

そうか。人を恐れているサルが、焚火を囲んで賑やかな学生たちの近くに、30分以上経ったいまも、まだ留まっている理由がわかった。群れが私たちによって二つに分断されてしまっているのだ。

若いオスたちが飛び出した所に急ぐ。間違いない。シカ一頭がぎりぎり通れるけもの道が一本、暗いササ薮の底を這い上がって、脇道まで来ている。脇道伝いにササ薮の縁を丹念に調べる。やはり、けもの道はほかにない。ササの密生した薮は、けもの道以外は、人はおろか、サルですら通り抜けられないのだ。

カラマツ林に残っていたサルは、やがて弁当を食べ終わり、寛ぎ始めた学生たちを尻目に、数珠つなぎになってけもの道から顔を出し、斜面上方にいる先行した集団の方へ、一目散に走り去った。

多人数で自然を訪れると、ときにこんな発見もある。捨てたものではないな。春、ササ藪で筍(ササノコ)取りの人がよくクマに襲われるのは、きっと、鉢合わせした両者ともが、細いけもの道を一歩たりとも逸れられないからだろう。

例外的な二つの現象

宮城県金華山は、面積が10平方キロメートル弱の島である。5月のゴールデンウィークに毎年訪れているが、今回(2007年)はいつにない気持ちの高ぶりがあった。

というのは、昨秋はブナやシデ類など、落葉樹の堅果(けんか)がおしなべて不作で、サルは11月中はずっと、栄養価の低い樹皮や冬芽を食べ続けた。ところが、冷たい北風が吹きすさぶはずの12月から2月にかけては、濃いピンク色の鮮やかなヤマツツジが咲き出すほど、サルにとっては過ごしやすい暖冬だった。反対に、いつもなら春の足音が迫り来る3月中旬からの1カ月ほどは、ときに小雪が舞い、霜が降りて、異常な寒さが続いた。

私は今回の調査で、例外的なこれら二つの現象が、サルにどんな影響を与えたかを、ぜひ知りたいと思った。

それ以前の、3月初めに行った調査では、昨春生まれのアカンボウのうち、冬になるまで無事に育った個体は、すべて生きのびていた。ただ、親元から離れて活発に遊ぶアカンボウがいる一方で、大きさがひと回り小さく、移動時には母親の背中に乗って運ばれるアカンボウが、6群のいずれにも1頭か2頭いるのが気になった。育ちの悪いアカンボウは、それから1カ月続いた予想外の寒さに、耐えきれただろうか。

また、島のサルの出産について、例年だと3月末に始まって、4月に大多数のメスが産み、5月のゴールデンウィークまでにはほとんど産み終わるのだが、今年の出産はどうなっているのか。

サルの春の食物も気になる。ほぼ同緯度にある仙台市のソメイヨシノの開花は、いつもより少し早かった。島では、通常4月に入るとブナの花が咲き、続いてヤマザクラが咲く。サルはしばらくそれらの花食いに熱中する。そして、ゴールデンウィークを迎える前には、花食いの季節が終わり、ケヤキやカエデ類の新葉食いに移行する。今年も同様なのか。

連休初日の4月28日に島に渡るが、我が目を疑う。ワラビがまだ芽を出していないのだ。タラノキの芽も固い。レトルト食品の多い調査小屋での食生活で、いつもの年なら、新鮮な食材として、それらに舌鼓を打てるはずだったのに。

サルは、標高の高い所でブナの花をひたすら口に運んでいた。これほどまでにブナの開花が遅れたのは、長年続けてきた調査で初めてのことである。ケヤキやカエデ類の芽のふくらみも弱い。

群れを一つ一つ丹念に調べていく。最終日の5月6日まで、どの群れにも新生児は生まれていなかった。一方で、ちょうど満1歳になる、3月の調査で元気だったアカンボウも、成長が悪くて心配されたアカンボウも、全員が生きていた。かれらはオトナにまじって、ブナの花を飽食しては、日が長くなったせいだろうが、日中の多くの時間、遊びほうけていた。

連休9日間の調査でわかったのは、島のどの植物も、春の状態になるのがうんと遅れていて、そんな中、昨年生まれのアカンボウは全員生きのびたが、サルの出産期はいまだ始まっていないということだった。先にあげた異常な三つの事態のうち、いったいどれが、どう影響を及ぼして、このような結果になったのだろう。

島では別の研究グループが、それぞれシカやアズマモグラやヒメネズミの個体数変動の調査を進めている。その結果が出揃ったあと、サルとの比較を通して、島で起こったことの全体を、ひとまとめで理解できるようになればいいのだが。

それにしても、自然現象の動物たちに与える影響はほんとうに複雑で、いつまで経っても目を離せない。

サルの目線でサルを見る

動物の目線で動物を見るとは、実際にはどういうことなのだろう。

小・中学校の教育現場では、「子どもの目線」で子どもに接することが、長いこと〝標語〟の一つとして掲げられてきた。そしていまでも、教師として、その素養を持つことが大変重要だとされている。当然のことである。

１９６２年からだから、もう50年以上、私は野生のサルとつき合ってきた。それも、かれらが40万年もの長きにわたって日本列島で生きてきた、本来の自然にできるだけ近いフィールドを、日本各地に探し求めてだ。

同時に、ものの見方や考え方について、自分が否応なく持たされている先入観を、自然の中で意識して取り払いながら、かれらの真の生きざまを理解しようと努めてもきた。だから、サルの目線でサルを見ることにおいては、人後に落ちないという秘かな自負があった。それがまだまだ甘いことを、昨年（２０１４年）の冬、石川県白山で思い知らされる。

白山での調査は、毎冬10名前後のグループで実施されるが、北部山域の尾添(おぞ)川流域で、私が担当するのは12群である。群れごとの頭数と、前年の春に生まれたアカンボウの数を調べるのが主目的だが、個人的には、この地域の群れの歴史を、正確に記録し続けたいという、強い思いがずっとある。

これら12群は、どの群れかの標識など、もちろんついていない。しかし、毎年冬場に利用する、群れごとの行動圏を私は熟知しているし、行動圏は年ごとに、ほとんど変化しない。それに加えて、前年に調べた頭数や、群れごとの移動ルートの特徴、私への馴れ具合の違いなどから、どの群れかの判断は、たいして困難ではない。

まず最初に、群れを一つずつ見つけていく。以後毎日、見つけた群れの居場所を調査終了まで確認し続けながら、別の群れを探す。並行して、見つけた群れの頭数を数えるワンチャンスを待つ。ワンチャンスとは、群れが雪崩跡などの白い雪面を、コンパクトなまとまりを保って移動するときだ。そんなチャンスは、1週間から10日の調査期間中、群れごとに一度か、よくて二度しか訪れない。

白山の昨年の冬は、例年になく積雪が少なかった。地元の人の話では、私たちが調査を始める前々日に、雪ではなく、雨が降ったという。そのせいもあって、尾添川を挟んで両側の急斜面は、積雪のほとんどが雪崩れ落ちてしまって黒く、大きな壁（岩場）も雪が融けて黒く、これでは〝白山〟ではなく〝黒山〟だなと、仲間たちと愚痴をこぼしたものだ。群れのいる一帯が、地肌が出て黒々としていれば、その色にサルの色が同化してしまい、頭数を正確に数えるのに難儀する。

尾添川の下流に一カ所、V字形に深く切れ込んだ、険しい地形の所がある。その両岸に群れが一つずついる。道路は左岸の急斜面を強引に削って、川底より50、60メートルの高さにつけられている。私は道路からの観察だから、対岸、右岸の群れ（R群）は、なんとか発見できる。とはいっても、雪崩除けのスノーシェイド（谷側に〝窓〟のある隧道（ずいどう）の一種）が四つも連続して設けられているから、道路からは死角が多く、対岸の展望はそれほど開けていない。

一方、道路側、左岸の群れ（L群）は、急斜面を下から見上げる形になり、かつ、スノーシェイドによっても遮断されているから、運よく道路近くに移動して来てくれないと、見つけるのは困難だ。

幸いなことに、調査初日、対岸の「R群」が見つかる。そこは、毎年冬場、この群れが頻繁に利用する場所だ。しばらく観察するも、あたり一面に広がって採食を続けていて、移動する気配がない。カウントをあきらめる。2日目は、ほんの100メートルほど下流に広がったままだ。3日目は初日にいた所に戻り、4日目は、今度は100メートルほど上流に広がっている。

地肌の露出している所が多いから、積雪があると食べられない、なにか、かれらの好む食物が、いま、そこに集中してあるのだろう。距離があって、なにを食べているかはっきりしないが。それにしても、連日の吹雪でもないのに、群れが狭い一カ所から3日も移動しないのを、これまで観察したことがない。

天候は、強い寒気が入って、4日目には粉雪が舞う。そして5日目の午後、北西の冷たい風が吹きすさぶ中、その群れは、私のいる左岸の道路の方へ、ばらばらと登って来るではないか。

工事やスキー客で、車両の往来はけっこうある。道路を横切る際は、どのサルもが、右を見て、左を見て、安全確認をけっして怠らない。

小一時間で全員が通過したあと、私はスノーシェイドの中を下流方向に歩きながら、〝窓〟から対岸斜面をのぞく。三つめのスノーシェイドの対岸に、やはりいた。積雪のほとんどない黒々としたはるか高みから、別の群れが、先ほどの群れがずっと居続けた場所を目指して、ゆっくり移動している。

この群れこそ「R群」であり、いましがた道路を横切り、急斜面を登っていった群れは、じつは左岸の「L群」だったのだ。

連続した四つのスノーシェイドのある一帯では、右岸の「R群」は、尾添川を渡渉して、道路まではときどきやって来ていた。道路の路肩やのり面に、草本類を中心に、山にはない食物があるからだ。一方、左岸の「L群」は、堰堤（えんてい）のある両側に、やはり同様の食物があるから、川を渡って向こう側へ、ときにいくことがあった。

このように、尾添川を挟んで、道路やスノーシェイドや堰堤など人工物のある地域が、両群の行動圏の重複地域になっているのは、過去の調査でわかっていた。ただ、いずれの群れも、対岸へ渡って採食するのは、半日か、長くてもせいぜい一日で、すぐ元に戻るのが常だった。

堰堤は、道路からは直接見えない所にあるが、両群はこの堰堤の上を、川を渡るときに使う。私は堰堤を越して流れる水の量を調べに急斜面を下る。堰堤の上は水平だから、流れは一定している。水深を測ったら、人差し指の高さだ。5、6センチメートルだろう。流れも、水量が少ないぶん、そんなに強くない。

やっと納得がいく。昨夜から今朝方にかけて、独り立ちしたアカンボウや1歳のコドモでも、堰堤を自力で渡渉できるまでに、水量が減っていたのだ。もしこの水深が、あと2、3センチメートル高かったら、それだけ流れも強くなるから、アカンボウや1歳のコドモは、幅が15メートルある堰堤を通過する途中で流され、川底に叩きつけられてしまうだろう。あと5センチメートルも高かったら、元気いっぱいの2、3歳のコドモでも無理だろう。

おそらく、調査開始より3日前か2日前に、左岸の「L群」は堰堤を渡って右岸に移動した。そして、2日前の雨のあと、水量が急に増えた。水量の増加は、私が調査を開始した前夜まで続いただろう。その後、徐々に減って、5日目には、いつもの水量に復した。

少々水量が増しても、オトナやワカモノのオスなら、強引に突破して、元の左岸に戻るに違いない。オトナのメスも、何頭かはついていくはずだ。アカンボウを背負ったメスは躊躇（ちゅうちょ）するかもしれない。しかし、母親に頼らない独り立ちしたアカンボウや1歳のコドモの全員が渡れずに、堰堤の手前で鳴き叫んだとしたら。しかもそれに、

2歳や3歳のコドモまで加わったとしたら。

オトナのメスは即座に引き返す。それを見たオトナやワカモノのオスも、道草を食って少々遅れようと、いずれ引き返す。結果として、群れは4日間も、堰堤の近くに留まり続けてしまったというわけだ。

私は調査開始早々、対岸、右岸で見つけた群れを、「R群」がよく使う場所にいたので、「R群」だと即断してしまった。だからその後、死角だらけの、道路より斜面上方を、むなしく何回もよじ登っては、こちら側、左岸にいつもはいる「L群」を探し続けた。

サルは、性や年齢の異なるさまざまな個体の集まり、すなわち、群れで生活している。したがって、性や年齢を考慮に入れない、一般的な意味での〝サルの目〟で、自然のさまざまな事象を見るだけでは、けっして十分ではない。群れには、普段の生活ではなかなか表に出ない、今回の〝サルの幼子の目〟など、いくつか〝異なった目〟のあることを、群れの誤認という苦い体験を通して、思い知らされたのである。

左頁：山道を移動する群れ。まさに道草を食いながら仲間の後を追う

上：晩秋の夕方、ススキが茂る林道に広がった

下：凍る道路を一気に渡る。車は急には止まりません

上：酷寒の昼下がり、久しぶりに陽光を浴びるサルの群れ。一時の休息だが心休まる

◄次頁：「うぁっ、いっぱいだ」休耕地に広がる

群れる

ササ　白い森、雪上に現われる食べものは限られる。緑の葉を丁寧に折りたたみ採食するメスザル

カエル　1匹まるごと完食した

クズ　葉、花と利用度は高い

ツルウメモドキ　実を手繰り寄せる

ウド　みずみずしい茎をかじる

カマツカ　赤い実を頬張る

キノコ　冬期、口でむしりとり食べる

右頁：カニツリグサ　真夏の炎天下、
歯でぐいっと種子をすきとり食べる

第3章

奥深き山で

雪上の足跡

雪の上の足跡は、野生動物たちの近況報告だ。その便りは、ときとして感動的ですらある。

東京都西部の山域では、谷々はV字形に鋭く切れ込み、どの林道も急峻な斜面を削って、沢沿いに、上流へとのびている。昨年（２００５年）12月11日、私は多摩（たま）川の源流の一つ、日原（にっぱら）川右岸に沿った林道を、45名の学生を連れて、上流を目指していた。野外実習の授業で、野生動植物の観察が目的である。

林道はコンクリートで新しく舗装され、その工事がまだあちこちで続いている。上流では採石作業も行われている。だから、工事用の重い車両がときどき行き来する。

前々日、この地域一帯に、かなりの初雪が降った。林道に積もった雪は車で圧雪され、固く凍てついている。坂道なので、うっかりすると足を取られる。何人もの学生がすってんころりと尻もちをつく。ただ、路肩だけは、雪が積もった状態のままに凍り、長靴をさくりととらえる。足の指に伝わる冷たさを除けば、滑らないから、歩くのには快適だ。

日原（にっぱら）集落から1時間半、林道を歩いた先で、路肩の雪にくっきり印されたサルの足跡を発見する。上流方向から来ている。少し戻って林道をそれ、サルの向かった先を確かめる。そのあと、足跡を逆にたどって、どこから来たかを調べる。３頭のサルだ。かれらは前日の午後、対岸（左岸）の南斜面を下り、日原川を渡って林道までやって来ていた。そして、路肩の雪面を１００メートルほど歩いて、そこで再び沢を対岸へと渡っている。

群れは少し前に人里に下りているから、足跡の大きさからいっても、３頭は群れのあとを追う若いオスに違いない。この秋、ブナとミズナラの堅果（けんか）が豊作だったから、きっと、それらの落果に執着しすぎて、群れの移動に遅れたのだろう。

　でも、それらはもう雪に埋もれた。いま、人里にはカキの実がたわわに熟れ、取り残しの農作物もたくさんある。かれらが次にこの林道を下流から上って来るのは、雪が融け、山菜の出る春4月だ。

　サルの足跡の先で、テンの、カモシカの、そしてクマの足跡を見る。クマはそこだけ少しゆるやかになった右手の斜面を下って、林道に出て、上流へと向かっている。足跡をたどる。80メートルほど先で再び右手の崖へそれる。でも、すぐに戻って、また路肩を歩いている。大きな大きな足跡で、手のひらだけでなく、5本の指も、爪までも鮮明だ。

　クマの足跡は、さらに100メートルほど路肩を歩いて、右手の雪のない岩場に入り、また林道に戻って、ひたすら上流を目指している。林道をたびたびそれての寄り道は、冬ごもり前の最後の食事なのだろう。行く手には、秩父(ちちぶ)山塊の雪山が、もう間近に迫っている。このクマが次に林道を下って来るのは、夏、お盆のころ、人里の農作物を求めてだ。

　サルとクマ、両者は険しい谷の、向かい合う南斜面と北斜面とで、たがいの姿をちらりと見たに違いない。見ても、おそらくたがいに無表情で、3頭のオスザルは群れを追って冬を過ごす下流へと急ぎ、クマは長い冬の眠りにつくべく上流へと急いだはずだ。急げば、当然、凍てついた林道では、サルもクマも足を取られる。だから、両者ともが、路肩を選んで歩いた。

　初雪が積もって、山奥へ急ぐクマと人里へ急ぐサル。両者の生活様式の決定的な違いが、前日の午後遅く、一瞬だけ、ここで交錯した。路肩の雪をしっかりととらえた両者の足跡は、私にとっては、心をうきうきさせてくれる野生の便りだった。

霧の中の寸劇

調査にはどんな劣悪な条件でも、自然はそれを、予想外の舞台に変えてくれることがある。この夏（2006年）、東北地方の太平洋側は、霧の立ち込める、ひどく蒸し暑い日が続いた。宮城県金華山では、霧はさらに深かった。風がなく、見通しはきかず、少し歩いただけで滝のような汗をかく。

濃霧をかきわけるように、体格の立派なオスザルが突然現われ、すたこら歩いてオニグルミの林に向かう。オスはクルミ林に着いて、実を一つ拾い、黒く粘っこい果肉を石に擦りつけて取る。そうしてから、固い殻を奥歯で力まかせに噛む。4回目、殻が割れたカキッという乾いた音を聞く。いつの間にか、そこに子ザルが来ている。少し離れた岩の上に座る。オスは子ザルを気にも留めず、割ったクルミを黙々と食べる。

私はスギ林を背に、手ごろな石を見つけて座り、2頭の行動を観察する。歩いている間ずっと、背後に群がり、腕を刺し、頭髪にもぐり込んで来た無数のアブは、止まるとじきに姿を消す。

代わってヤブカが寄って来る。タバコをふかして顔にまとわりつくのを防ぐ。ヤマビルが落葉伝いに、尺取り虫そっくりな動きで向かって来るが、ズボンのポケットには特効薬〝ヒルコロリ〟が入れてあるから大丈夫だ。ヒルコロリとは私が勝手につけた名前で、正式な商品名はアンメルツヨコヨコ、どこの薬局でも売っている。それがヤマビルには、じつによく効くのだ。

オスが場所を変え、4個目のクルミを拾う。子ザルはオスのいた場所へそおっと動き、割られた殻にわずかに残る中身（胚乳（はいにゅう）の部分）を、爪でほじくり出す。霧深い前方右手に、立ち枯れたクルミの木がある。アオゲラのメスがケレレレと鋭く鳴いて飛来する。幹をつつき、螺旋を描いて登る。水平に伸びた枝に移って、羽づくろいを始める。子連れのシカが、その立ち枯れの木の真下を、かすかな物音さえ立てず、斜めに横切っていく。

左手すぐ横に、気配を感じて目を凝らす。濡れた落葉の色そっくりな2匹のマムシが、丸く重なり合っていて、斑紋の赤の濃い方が、もう一方に、尾をのたうつよう巻きつけ、一瞬全身を痙攣させ、また動かなくなる。

サンコウチョウが2羽、もつれるように霧の中から現われて正面のクルミの木に止まる。若鳥がビイビイ鳴いて、羽ばたきながら母親に餌をねだる。オスがまた場所を少し変え、9個目を拾う。子ザルはさっきからうずくまったままだ。アオゲラの羽づくろいが続く。アオゲラをこんなに長く、間近で見るのは、いつ以来だろう。

マムシが3回目の交尾をする。7メートルほど前方の草むらから、淡いアメ色のタゴガエルが、なにがあったのか、体と脚を細長く一直線に伸ばして、高い垂直ジャンプを4回繰り返す。2羽のサンコウチョウが隣りのモミの木へ去る。オスが14個目を割り、食べ終わって、移動を開始する。子ザルも続く。

サルの接近に驚いたヒグラシが、ギギギと鳴いて木の根元から飛び立つ。そして、近くの木の幹に止まろうとして失敗し、もう一度試みたその瞬間、オニヤンマが真一文字に飛んで来て捕まえ、同じ直線を描いたまま、霧に消える。移動を始めてからの子ザルは、右に左によく動き、きのこを見つけては、口に頰張る。

クルミ林に着いてから1時間半が経過している。映画で回想シーンによく使われる、まわりに白いぼかしのある画面そっくりな霧の舞台での、生きものたちの寸劇に見入っていた私は、なんと濃密な時間を過ごせたことか。

霧が一段と濃さを増す。見失なわないよう、サルのあとを急ごう。すぐに汗がふき出す。うっとうしいアブが再び群がり寄る。座っているとき、背中と尻の三カ所をヤブカに刺されていて、かゆい。

生死を分かつ「壁」がある

東北や北陸など、雪国の自然について、野生動物と人との歴史的かかわりを通して見ると、いままで注目されてこなかった「壁（かべ）」の存在がクローズアップされる。

壁とは、規模の大きい急峻な崖や絶壁のことで、高さは優に１００メートルを超え、垂直に近い状態のまま、谷に突き刺さる。

これまでずっと、積雪期間の長い雪国には、イノシシやシカはすめないといわれてきた。事実、東北や北陸のほとんどの地域では、ごく最近まで、かれらはすんでいなかった。とくにイノシシについては、福島県を北上している、阿武隈（あぶくま）川を渡って宮城県に入った、仙台市を越えてさらに北へ向かったと、甚大な農作物被害とあいまって、ここ数年、ずっと話題にされてきた。原因は地球の温暖化や暖冬化の影響だという。

でも、ほんとうにそうなのだろうか。たとえば、青森県の有名な縄文遺跡、三内丸山（さんないまるやま）遺跡からは、食用にされたと考えられるイノシシやシカの骨が見つかっている。そんなに古い昔でなくても、宮城県では、江戸時代の『伊達藩史（だてはんし）』に、蔵王（ざおう）山麓や牡鹿（おじか）半島で、両者を狩猟した記録が残っている。また、遠刈田（とうがった）温泉近くには、捕獲した動物のために建てられた「鹿二千匹塚（しかにせんびきづか）」がある。岩手県でも、江戸時代の『盛岡藩雑書（もりおかはんざつしょ）』に、両者を狩猟した記録がある。

2月下旬（２００７年）、私は例年通り、石川県白山でサルの調査をしていた。そして、冬場は人の立ち入らない山奥の深い雪の中で、子連れの母親など6頭ものイノシシを実際に観察した。それは新鮮な体験だった。

イノシシもシカも、近世までは、生息密度に濃淡はあっても、雪国に広く分布していたことは確かだ。それがどうして、明治時代以降、急速に姿を消したのか。それには、狩猟のあり方の著しい変化を考える必要がある。雪国の狩猟は、かつても現在も、雪に覆われて見通しがよく、雪上の足跡で発見や追跡が容易な、積雪期が中心だ。しかも、明治に入って銃が普及する。性能も格段によくなる。それまでイヌは、マタギなどプロの猟師しか使っていなかったが、輸入品種を含め、訓練された猟犬が一般化する。巻狩りなど狩猟技術も向上する。シカは、外敵に対しては、できるだけ平坦なところを、全力疾走で逃げるという習性を持つ。だから、見通しのいい冬場、猟犬や勢子(せこ)を使って巻狩りをすれば、ひとたまりもない。

イノシシは、いったん大木や岩の洞に逃げ込み、そこで正面を向いて、外敵に対峙するという習性を持つ。しかし、洞でいくら鋭い牙を向けて身構えても、銃で眉間を狙われればどうしようもない。

それに、シカもイノシシも、ひづめの構造や四肢のつくりからして、「壁」には逃げ込めない。人はもちろん猟犬も、壁には全くお手上げだ。同じことがオオカミについてもいえる。

一方、同じ雪国で、強い狩猟圧に抗し続け、今日まで生きのびたけものたちがいる。カモシカとサルとクマだ。カモシカは地方によって「カベジシ」、「クラジシ」、「カマジシ」と呼ばれるほど、壁を、移動や採食地として利用することに長けている。かつて四手類(してるい)と称されたサルも同様だ。クマは壁にはカモシカやサルほど強くないが、積雪期はずっと冬ごもりしている。

したがって、雪国のきわめて広域で、明治以降イノシシとシカとオオカミが絶滅し、カモシカとサルとクマが生きのびたことと、壁の存在とは、切っても切れない関係にあることがわかる。

「壁」を通して、雪国の自然と人の営みの歴史を見直すと、ほかにも、民俗学的に、大変興味深いことがいろいろ見えてくるに違いない。

食文化の根の深さ

野生動物を長年にわたって調査していると、なぜかは不明だが、かれらがあるものを突如食べ始めて、驚かされることがある。しかも、その食べものは、すぐに集団に広がり、集団を超えて地域に広がる。もちろん流行り廃れもある。

宮城県金華山は、面積が10平方キロメートル弱の島だが、サルの群れが六ついて、それぞれに行動圏を構えて暮らしている。

初夏（1993年）のある日のことだ。島の北西部の群れが、突然コブシの成熟した葉を食べ始める。最初のサルが誰だったかはわからないが、気づいたときは、群れの全員がコブシの大木に群がり、貪り食べていた。その数日後には、島の中央部にすむ二つの群れで、続いて北部にすむ群れでも、コブシの葉の集中食いが確認される。この行動は、それから3年間、毎年初夏に観察され、それによって、島に21本しかないコブシはすべて枯死した。

ところが、島の南にすむ群れの行動圏には、コブシが全くない。じつに不思議な話だが、この群れは、コブシにごく近縁で同じマグノリア属の、ホオノキの成熟葉を、同じ年の同じ時期に食べ始めた。厚い葉をばりばり食べる音は、木の下にいて聞き取れるほどに大きい。ホオノキの葉食いは、やがてほかの群れにも広がり、コブシが全滅してからは、どの群れでも初夏の主要な食物の一つになった。ただ、10年後には流行が下火になり、以前ほどの執着は見られなくなった。

オニグルミの堅果は、人が食べても美味しいが、島のサルはずっと無関心だった。それが1999年の秋、ハナレザルが厚くて固い殻を、奥歯で強引に噛み割って、中身（胚乳の部分）を食べ始める。このクルミ食いは、翌年には、どの群れのオスにも伝わった。ただ、コドモやワカモノのオス、多くのメスでは割れず、オスが食べたあとの殻にわずかに付着する中身を、爪でほじくり出して食べるだけだ。

この行動は以後も続き、いまでは、ワカモノのオスやオトナのメスも、殻の薄い実を選んだり、割り方のこつを覚えて、秋の大変重要な食物になっている。透明な空気の支配する晩秋の静かな森で、クルミを割る乾いた音は遠くからでも聞こえる。

昨年（2008年）秋には、サルの大好物、ブナやシデ類の堅果がたくさん稔ったのに、いままで見向きもしなかった針葉樹のビャクシン（ヒノキ科の植物でイブキともいう）の実食いが、島の東側に行動圏を持つ3群で初めて観察された。この実食いは、残り3群にも伝播するのだろうか。世代を超えて伝承されるのだろうか。ただ、ビャクシンの実は2年をかけて熟れるから、サルは1年おきにしか食べられないが。

一方で、モミの葉を、かつては冬場盛んに食べていたが、昨今は誰も見向きもしない。青森県下北のサルもヒバの葉を好んだが、ここ十数年は、研究者の誰ひとり、観察していない。このようなことは全国各地でも見られ、すむ地域ごとに、植物のどの部位を食べるか食べないか、その違いは大きい。

同じことがシカでも見られる。金華山のシカはこれまで、アルカロイド系の猛毒を持つバイケイソウを食べなかった。だから、沢筋を中心にどんどん分布を広げつつあったのだが、一昨年から突然、花や花茎（かけい）を貪るように食べ始めた。これが数年も続けば、バイケイソウの島での分布は、おそらく縮小するだろう。

アクの強いキク科のハンゴンソウも、シカが食べず、島じゅうに繁茂していた。その葉を昨年から集中的に食べ始め、初秋の風物詩、島じゅうを黄金色に染める花を、翌年はほとんど見かけなかった。

島のシカがこれらの草を食べるようになったのは、数が増えて、過密といえるほど多く、食糧が少ないからだという人もいる。しかし、東京都西部と山梨県北部の両山域で、そこのシカは、金華山に比べたら無限ともいえる草本類が繁茂しているのに、リョウブの樹皮を好み、はぎ取って食べる。一方、金華山にもリョウブはたくさんあるのに、島のシカは全くの無関心だ。

私たちも、国や民族ごとに、また地域ごとに、固有の食文化を持っている。この食文化をサルやシカを通して見ると、人類の進化史を超えて、非常に根の深いものだといえそうだ。

たがいにシャイな関係

野生動物の、ふとしたときに見せるシャイな表情や仕草が、私は好きだ。それは9月上旬（2005年）の、台風14号が日本海に沿って通過したすぐあとのことである。

宮城県金華山には、野生ザルが6群生息している。そのうち、桟橋や黄金山（こがねやま）神社のある、島の北西部を利用する2群は、参拝客や観光客が多く訪れ、研究者が調査対象にすることも多いため、すっかり人馴れしている。だから、いまでは、数メートルの距離まで近づいても知らん顔だ。

一方、島の東部や南部に生息する4群は、あまり人馴れしていない。なかでも、太平洋の荒波が打ちつける大函崎（おおばこざき）一帯にいる東部の群れは、いたって逃げ足が速い。島のぐるりで、そこだけ海岸道路がなく、古い遊歩道も崖の崩壊や草の茂みに消えて、人がめったに立ち入らない地域だからである。その日、やっと天気が回復したので、私はその群れを求めて、急峻な斜面の中程をひたすら歩いた。

午後4時少し前、向かいの大きな尾根の裏側から、ガガガという、交尾期特有のオスの吠え声を聞く。尾根によじ登り、もうひと声を待つ。あたりを歩き回って探しても、そうする私を、サルは先に見つけて、姿をくらましてしまうからだ。声から居場所を正確に特定し、サルに警戒心や恐怖心を与えない接近ルートを選択するしかない。

岩陰にじっと身を潜め、どのくらい待っただろうか。すぐ向かいの斜面から、クーというまろやかな声を聞く。立ち上がって双眼鏡を当てる。厚く重なった木々の茂みの、ほんのわずかな隙間越しに、こちらをじっと見つめるワカモノのオスの、いぶかしげでおずおずした二つの目と鉢合わせする。なんだ、やっぱり私の存在に気づいていたのだ。

そのサルのいる近くの枝が一度、大きく揺れる。ヤマボウシの木だ。群れはその木で、赤く熟れた果実を夢中で食べているに違いない。細心の注意を払い、よく見える場所へ移動する。そして、私の接近を察知し、木から下りる群れの全員を確認できた。数や構成に、これまでと変化はない。ただ、メスの1頭がアカンボウを胸に抱いていていた。

ものの5分も経っていない。群れはもう、尾根の向こう側へそそくさと消えた。陽は大きく傾いている。戻るとしよう。そこから調査小屋までの長い帰路、久しぶりにこの群れを、ごく短時間だが観察できたことで、足取りは軽かった。それ以上に、あの、最初に見た若いオスの目が、私を満ち足りた気持にさせていた。

その目は、かつてアフリカのサバンナで、深い藪の先に見た、細くて優しいゾウの目と同じだ。アマゾンの熱帯雨林で、巨木の林立する隙間から見た、内気で用心深げなジャガーの目とも同じだ。石川県白山で、ササの厚い茂みからのぞいた、キツネの頼りなげな目とも同質のものだ。

最近の映像機器や撮影技術の急速な進歩によって、いまでは、野生動物の迫力に満ちた瞬間がとらえられ、写真やテレビで、その拡大された姿を、ごく普通に見られるようになった。カワセミが渓流に飛び込んでヤマメを捕らえる瞬間や、フクロウが闇夜を滑空して、アカネズミをわしづかみする瞬間、ライオンがシマウマを一撃のもとに倒す瞬間などなどだ。

しかしいま、私が一枚の動物写真を居間に飾るとしたら、慎み深く、とまどいを持ち、不安げで、どことなくはにかんだ、そんな表情や仕草をした生態写真を迷わず選ぶ。野生動物にとっての人も、人にとっての野生動物も、歴史的にはたがいにシャイな存在ではなかっただろうか。

単純な心と体

ひとっ子ひとりいない山の中にいるとき、疲労やだるさなど体の状態や、気分や感情など心のありようが、ほんの些細なことで一変することがある。

宮城県金華山には、サルの調査で頻繁に訪れているが、初日はいつも、6群いる中で、目的とする群れの発見に費やされる。群れごとに行動圏は決まっている。しかし、どこも急峻な地形で、見通しも悪いから、いそうな場所を順に探していくしかない。丸一日、いくつもの尾根を越え、谷を下って、それでも見つからないと、足は棒のように重く、調査小屋に戻る少しの登りでさえ、つい休み休みになる。

そんなとき、向かいの尾根近くからサルのひと声があると、瞬時に気持は高ぶり、体の疲れは嘘のように消える。急斜面の登りもあっという間だ。いったい私の心身に、なにが起こったというのだ。

石川県白山へは、雪深い中でのサルの暮らしを調べるため、長年通っている。初期の1970年代には、一つの群れが観光用に餌づけされていたが、雪で道路が閉鎖され、訪問客が皆無になる冬期間、給餌は中断される。当時、私は寝泊まり用に、村役場の厚意で小学校の小さい分教場を借用し、その代わりに、滞在中はサルへの給餌を引き受けていた。

最後の集落からひとり、食糧など40キログラムほどの荷物を背負い、かんじきで深い雪を踏み固めつつ、10キロメートル余りの山道を登るのは、いつも大変だ。雪に倒れ込んで休む時間が、どんどん長くなる。

こんな遅いペースで、日暮れまでに分教場へ着けるだろうか。荷物も重いが気も重い。と、前方、急斜面のはるか上方から、餌づけされた群れのサルたちが、転がるように走って来る。いとおしさが込み上げる。雪まみれのサルが、すぐに私の背後、雪を踏み固めたかんじきの跡に一列に並び、一斉にホイーッ、ウアーッと切なく鳴いて、餌を求める。餌の置いてある分教場へ急がねば。いまのいままで、疲れてよれよれだった同じ自分が、50頭のサルを従えて急に颯爽とし、肩で風を切って歩いている。

ここ数年、金華山の夏は、雨が降り海霧に閉ざされる日が多く、気が滅入ることもしばしばだ。そのうえ、開けた尾根筋や遊歩道ではアブが乱舞し、隙を見ては頭髪に潜り込んだり、露出した首筋や腕を刺す。反対に、木々の葉が茂った暗い所では、ヤブカが群がり寄る。

この夏（2008年）の、ひどく蒸し蒸しした昼さがり、背後にアブの気配が少なくなったなと振り返ると、オニヤンマが真一文字に飛んで、1匹を捕らえ、目の前で勢いよく反転する。直後にもう1匹、同じくアブを狙い、くわえ、反転する。それを2匹が何回か繰り返す。

そのまま歩き続けると、トンボは去り、アブの乱舞がまた始まる。しかし、すぐに別のオニヤンマが後方に来ている。このトンボはオス同士がなわばりを持つから、次々に交代しているのだ。私はいま、アブよけにオニヤンマを引き連れて歩いている。そう思ったとたん、心は弾み、軽やかな足取りになった自分に気づく。

そうなると、不思議にサルにも出会える。サルは夢中でブナの若い実を食べている。木の下で腰を下ろす。今度はヤブカの襲来だ。うっとうしさを覚えながらも、サルに双眼鏡を当て続ける。

ヤブカの気配が消える。そっと双眼鏡を外す。なんと、今度はミルンヤンマが2匹、すぐ右側と左側で旋回し、しきりにヤブカを捕らえているではないか。苛立ちは霧散し、口笛が無意識に口をついて出る。

私はさっきからずっと、幼い頃に憧れた、ハーメルンの笛吹き男やセロ弾きのゴーシュ気取りで、うきうきした気分だ。もう悪天候が気持ちを腐らせはしない。

このような体験が重なると、体の状態や心のありようはどこまで単純なのかと、ふと思う。

頭上への弱さ

頭上方向に対して、人の五感はいかにいい加減にしか働かないかを、山の中ではいつも思い知らされる。

木々の葉が生い茂る初夏、南から渡ってきたオオルリやキビタキやサンコウチョウなど、色鮮やかな小鳥たちのさえずりが、森に溢れる。そのさえずりも、種ごとに特徴があって、いずれもが透き通るように美しい。それなのに、どんなに聴覚を働かせても、頭上から聞こえる声の正確な方向と高さがなかなか定まらない。そして、しばらく見上げ続けて双眼鏡で探し、結局は首が痛くなって、姿を発見できないまま諦めることもしばしばである。

もっと難しいのが、鳴き声を頼りに樹上のセミを見つけることだ。真上で鳴いているように聞こえるのだが、真剣に探し始めると、どの枝で鳴いているのか、ほんとうにいま見上げている木にいるのかさえ、わからなくなる。

視覚による距離感もそうだ。やっとセミの姿を発見し、長い竹竿の先にごく小さい網をくくりつけて、いざ捕ろうとすると、今度は高さの目測が微妙にずれ、網を上手にかぶせられない。

頭上に対する聴覚や視覚がこのように頼りないのと、動物の頭上からの攻撃に対して人が覚える無力感とは、関係するのだろうか。これまで幾度、群れて上方から襲い来るオオスズメバチやキイロスズメバチに、全力疾走を余儀なくされたことか。

こんな体験もした。札幌市にある北海道大学の構内で、本州にはいないニュウナイスズメを見ていたときのことだ。頭頂部から肩にかけての褐色が、図鑑で見るよりはるかに明るくて艶がある。近くの木にもたれて、双眼鏡を当てていた。そのとき、真上で大きな羽音がし、黒いかたまりが猛烈な勢いで落下して来る。とっさに身をかわす。続いてもう一つ。その二つの黒い物体は、頭上すれすれで急上昇し、前方の木の枝に止まって、カアと鳴いた。もたれている木の上で、ハシブトガラスがひなを育てていたのだ。

2羽のカラスは、私が歩き始めると、背後から気配なく飛来し、突然ビューと羽音を立てて威嚇する。そしてまた、木に止まって、馬鹿にしたようにカアと鳴く。それを何回も繰り返す。石を投げて追い払う。しかし、もう来ないと思って安心していると、また、どこからか飛んで来て、威嚇する。なんともしつこい。結局私は、建物の中に逃げ込むしかなかった。

これまでで一番怖い思いをしたのは、ずいぶん前だが、青森県下北でサルの調査をしていたときだ。夏で、群れは、森が広く伐採された跡地に入り、キイチゴ類の、赤や黄色に熟れた実を貪るように食べ始めた。そこはひどい藪になっていて、ナラ類やシデ類の若木はまだ3、4メートルほどの高さにしか育っていない。

私のすぐ脇にあるキイチゴの果実を食べに、老齢のメスがやって来る。間近で目が合う。メスは歯をむき出し、キイッと甲高い悲鳴を2回発する。その直後、周囲の藪のあちこちで、ゴゴゴというオスたちの怒号が発せられる。次の瞬間、びっくりするほど大きな灰色の物体が、前後左右から、若い木々を大きく揺らして、頭上すれすれを跳ぶ。逃げ場は全くない。私はただ、かれらが威嚇だけで収まってくれることを、頭を両手で抱え、祈るのみだった。

私はいまもなお、緑濃い樹上で鳴く小鳥やセミをむなしく探しては、北海道のカラスや下北のサルを思い出す。人の頭上への弱さ、それは、地上を二本足で直立して歩く私たちの、遺伝的に背負った宿命なのかもしれない。

左頁：ふっと視線を感じ、振り返る。大木に鎮座するオスザルがいた

上：風薫る新緑の森、大の字になって眠る若者ザル　　下：春眠ほど気持ちのいい眠りはない

寝相

右：どんな夢路をたどっているのか。トチの葉をパラソル代わりに子ザルが眠る

水遊び

下：子ザルが水遊びに興じる。飛び込み、水しぶきが上がる。楽しさが伝わってくる

下：短時間だけど潜水も得意。泳法は犬かきだ

左：ホオノキの集合果をくわえ、渓流を渡る若オス

下：1 頭が泳ぎ始めると、われもわれもと後に続く　　上：初夏、水場の楽しさは十分理解できる

胸騒ぎな秋。賑やかなサルの群れがよりいっそう活気づく。あちらこちらから鳴き声が響く

紅葉のころ

上：群れのメスの動向が常に気がかり。監視するかのように振る舞うオス

下：筋骨隆々、鼻息荒く闊歩するオス。腫れものに触るようで怖いぐらいだ

上：見晴らしのいい斜面で日向ぼっこ。のんびりとした時が流れる

下：母ザルのそばでひとり遊びを楽しむ赤ん坊

雪晴れ

左上：静かだ。サルの群れがいるというのに。白い森が静寂に包まれる

左下：雪面でのレスリング。子ザルは遊びも一所懸命、ついつい力が入り……

若者ザルが子カモシカをいたぶる。１頭で応戦するが、かなわず逃げ去った

上：原っぱでキツネと出会う。睨み合うもたがいに避けた
左：ヒバの森でテンと鉢合わせ。驚いたのはテンだった

ほかの動物との出会い

上：近くに巣があるのだろう。
カラスの逆鱗にふれ攻撃を受ける

右：コノハズクのひなに興味津々。
首がくるりと回りびっくり仰天

第4章 野生と人と

接点　里山で崩れる緊張関係

サル対策の目指す先

雪深い中、私にとって、それは予期せぬ出会いだった。

国道３４７号線は、宮城県北部の大崎（おおさき）市から、ほぼまっすぐ西に向かって加美町（かみまち）を横断し、奥羽（おうう）山脈の鞍部を越えて山形県尾花沢（おばなざわ）市へ抜ける。ただ、毎年11月下旬から翌春5月までは、積雪のため、加美町の西のはずれ、漆沢（うるしざわ）ダムの先で閉鎖される。

地元の人によると、冬場、閉鎖された区間の国道沿いに、30頭ほどのサルの群れが姿を見せるという。いくつか信頼できる古い記録にも、この地域にサルが生息するという記録がある。それが事実なら、宮城県で最も北に分布する群れになる。私はぜひこの群れに会いたいと願いながら、仙台市からのアプローチが遠いこともあって、現地調査は思うにまかせなかった。

昨年（２００３年）1月4日、通行止めのゲートから、かんじきをはいて県境方向へ向かう。前々日からのやわらかな新雪が50センチメートルを超えて積もり、距離はなかなか稼げない。２キロメートルほど歩いて、クマタカの滑空を見る。昼近く、スギ林でキツネを見るが、目が合った瞬間、脱兎の如く逃げ去ってしまう。さらに歩いて、２頭のカモシカを見る。はるか前方の斜面だ。私はかまわず歩く。それを見たカモシカは、深い雪に脚をとられながら、もがくように走って尾根を越える。

2時を過ぎた。ゲートから7キロメートルの地点だ。日没は早い。引き返すことにする。帰り道はゆるやかな下りだし、行きに雪を踏み固めてきたから楽だ。途中から粉雪が舞い始め、気温が急速に下がるが、苦にならない。ゲートが遠くに見えてきた。左手には急峻な崖が続く。右手直下には鳴瀬（なるせ）川の源流が、雪を割って音もなく流れている。左手の崖、道路から50メートルほど高みの樹上に、サルを発見する。やや小柄なオスと恰幅のいいオスだ。アオダモの冬芽を食べている。私とサルと、気づくのがほぼ同時だった。

かれらは高い梢から雪上へ、思い切りよく飛び降り、猛然と急斜面をよじ登る。速い。私からは、新雪に埋まったサルの、蹴散らす雪煙しか見えない。

観察時間はおそらく10秒ほどだっただろう。私はその反応に強い衝撃を受けながら、野生ザルの研究を開始した頃を思い出していた。

当時、1960年代初頭は、宮城県金華山のサルも、青森県下北のサルも、ほかのどの地域のサルも、いまでは信じがたいほど人への警戒心が強く、やっと出会っても、一瞬のうちに姿をくらますのが常だった。

こんな状態では、腰を据えての研究などとても無理である。だから、石川県白山の山奥で、人をあまり恐れない群れに出会ったときの感激は大きく、以後、私はその群れの調査にのめり込んでいったのだ。

それが今日では、全国各地で、田畑に出没しては農作物を好き放題に漁り、交通量の多い道路を平気で横断し、民家の屋根を遊び場にし、ときに家の中まで侵入して食物を失敬するようになってしまった。このようなサルによる被害（一般に猿害という）に、どこの自治体も悪戦苦闘し、それでもサル知恵に人知は及ばず、被害の量がうなぎ登りに増加しているのが現状である。

そうだ。いましがた急斜面に消えた2頭のオスや、研究を開始した当時の各地の群れの反応こそ、人との共生を考える際の、サルのあるべき姿ではないか。猿害対策が目指さなければならない究極の目標はこれだと、私は確信する。

2週間後、ほぼ同じ場所で、宮城県最北の群れに遭遇するが、群れの反応も2頭のオスと同じだった。

切り札はなにか

半年ほど前（2005年）のことだ。横なぐりの吹雪の中、サルの群れを見失った私の脳裏に、かつて、石川県白山の雪山で目の当たりにした一つの光景が、当時とは正反対の意味を持って、よみがえってきた。

農作物を食い荒らし、民家にも侵入する。すっかり憎まれものになった野生ザルがいま、全国いたる所にいる。サルに向けて強力なロケット花火を飛ばす。散弾銃を打つ。オトナのメスに電波発信機を装着し、群れの動きを監視する。田畑のぐるりに電気柵を張りめぐらせて侵入を防ぐ。これまで、こういったさまざまな取り組みが各地でなされてきた。

だが、効果は一向に上がらず、それどころか、サルの頭数も被害も増え続け、ここ数年、全国で毎年1万頭以上が、有害鳥獣として駆除（鉄砲やわなによる捕殺）されている。それは、長い歴史を共に歩んで来たニホンザルにとっても、日本人にとっても、不幸なことだ。

サルに野生の尊厳を取り戻させたい。私は仲間たちと2年前（2003年）から、群れを本来のすみか、奥山に追い上げる試みを、仙台市西部で始めた。

田畑があって民家や建造物があり、それを取り囲んで藪や植林されたスギ林が広がる。道路があって、車がひっきりなしに通る。人やイヌがいて、ときに威す。そんな環境で生まれ育った〝憎まれザル〟の故郷は〝人里〟であり、馴染みのない奥山へ戻すのは、生やさしいことではない。

ただ、北国の冬、一面が銀世界になると、身を隠す場所のないサルは、ことのほか神経質になる。そこを集中的に追い上げれば、なんとかなりそうだ。雪上には足跡が残るから、群れを見失うこともないだろう。

50メートルほど飛んで大きな爆発音をあげる、強力なロケット花火を大量に用意する。竹筒に段ボールで大きな鍔(つば)を取りつけ、どんな条件下でも、サルに向けて真っすぐ発射できる簡易装置も手作りする。

群れは前日から、両側が高い絶壁になった深い谷の、冬場最も安心できる場所に入り込んでいる。そこを早朝に急襲しよう。四方八方から花火を撃てば、かれらはきっとパニックに陥り、しばし右往左往するだろう。しかし、すぐに一団となって、高みに向かって一目散に遁走するに違いない。あとは、どこまでも追撃すればいい。

私たちは所定の位置につき、群れのいる絶壁に向かって、一斉に花火を撃ち込む。慌てふためくサルの姿が、一瞬見え隠れする。だが次の瞬間、その場所から、サルの気配が忽然と消える。オスもメスも、オトナもコドモもいる。数は40頭を下らない。いったいどうしたことか。そのあと、周囲のどこを探してもサルは見つからない。絶壁のぐるりを丹念に調べるが、出ていった足跡もない。

さっきから降り出した雪礫(ゆきつぶて)が、風を伴って、激しく頬を打つ。視界は閉ざされる。もう探し出すのは無理だ。むなしく崖っぷちにたたずみながら、私はそれでも、追い上げ中止の指示を出すのを躊躇する。サルにしてやられた悔しさがどうにも収まらない。かれらはどこに消えたのだ。

そんな寒さと腹立たしさの中で、かつて石川県白山で見た、サルの群れを追う野犬の姿が、突然よみがえったのである。野犬は徒党を組んで激しく吠え、雪崩跡の急斜面を、足を滑らせながらも、どこまでも追っていく。そのときは、静寂の支配する雪山で、野犬のけたたましい吠え声に強烈な違和感を覚えたものだ。いいかげんで鳴き止めと、叫びたい思いにもかられた。

しかしいま、もし伴侶として野犬ならぬ猟犬がいたら、サルに卓越した隠遁の術を使われ、ぶざまに屈することはなかっただろう。忘却のかなたにあった白山でのあの光景は、イヌがサルを奥山に追い上げる〝切り札〟になることを、私に強く思わせた。

群れが持つ強い意志

サルはよくまとまった集団、群れを作って生活している。私には、サルの一頭一頭とは別に、群れも一つの生きもののように思えるときがある。

4年前（2003年）から、私たちは仙台市西部を中心に、農作物に被害を与えるいくつもの群れを、順次、奥山へ追い上げる試みを続けてきた。追い上げの際は、多人数を投入し、花火や銃器など威嚇道具を使用する。訓練を積んだモンキードッグ（サル追い犬）を放つ。

追い上げ開始と同時に、人が走る。イヌが走る。サルが走る。花火や空砲の轟音が静寂を破る。瞬時にして、サルとイヌの姿が消える。サルやイヌに比べ、人の脚力のなんと弱く、遅いことか。だから、いつのときも、懸命にあとを追っても、木々の枝を伝うサルや、藪をくぐり抜けるイヌをちらりと目にするのが精いっぱいだ。

広瀬(ひろせ)川の左岸に合流する大きな支流、大倉(おおくら)川の上流に、観光名所の定義如来(じょうぎにょらい)がある。戦前戦後を通して、背後にそびえる船形山(ふながたやま)の奥深くでひっそり暮らしていた群れは、1990年代に入って、定義如来のある一帯に出没し始める。やがて群れは、人や車に馴れ、道路を悠々と横断し、大倉ダムの近くまで進出して、農作物を荒らすようになった。

この群れを元々のすみか、船形山へ戻したい。大規模な追い上げ3日目の朝は、冷たい北風の吹く中で開始された。前日、群れは、大倉川最深部の集落から下流へ移動し、いまは、右岸にある大きなスギ林に逃げ込んでいる。

そのすぐ下手には、川に面して、高さ200メートルほどの急峻な崖がある。私は崖が真正面に見える、川の対岸で待機する。追い上げ隊員が、下流側から、スギ林を見下ろせる崖の上までよじ登る。今朝の作戦は、農家が点在する下流への移動を阻止して、スギ林から上流方向へ群れを追い出し、その先で、待ち伏せするモンキードッグ6頭をサルに向かって走らすことだ。

作戦が成功すれば、パニックに陥って逃げ惑うサルと追うイヌとが、対岸から一望のもとに眺められるはずだ。追い上げの全容が観察できる初めての機会に、感情が高ぶる。寒さは全然気にならない。

追い上げ隊員が、下流側の崖の上から順次、サルのいるスギ林へ下っていく。正確に群れに向かっている様子が、彼らの無線連絡によって、リアルタイムでわかる。ところが、スギ林に入ってから、隊員同士の交信が慌ただしくなる。少しして、空砲と花火が鳴り響く。

と、なんと群れは、作戦とは逆の方向、スギ林から下流の崖に向かって、ぞろぞろ出て来るではないか。どこで追い上げ隊員たちの、ほとんど隙間のない包囲網を突破したのだろう。先頭はアカンボウを背中に乗せたやや老齢のメスだ。すぐ続いて、オトナのメス2頭と体格の立派なオス。いずれも、ごく普通に歩を運ぶ。あとにオトナのメスたちが続く。後方のコドモたちだけはちょっと小走りだ。誰もひと声も発しない。サルのすぐあとからカモシカ2頭が顔を出す。

群れは、先ほど追い上げ隊員のいた崖の上を通って、悠然と大倉川の下流へ向かう。作戦は失敗に終わる。それにしても、追われているはずのサルたちの、なんと静かで、落ち着き払っていることか。

では、誰がいつ、スギ林から、追い上げ隊員が迫り来る下流へ向かう決断をしたのか。誰が、決断したサルについていくことを決心したのか。おそらくここまでの間に、群れの中で、そのような逡巡はなにも起きていなかったに違いない。

言葉を持たないかれらを、さも当然のごとく下流へ向かわせているもの、私はそこに、群れそのものが持つ強固な意志を、感動を覚えながら感じていた。サルはほんとうに手ごわい。

「犬猿の仲」のほんとうの意味

「犬猿の仲」とは、昔から、現在使われていると同じ、大変仲の悪いことのたとえだったのだろうか。

農作物に被害を与えるサルの群れを、被害防除の究極の対策として、奥山に追い上げる。私たちが2003年から試みてきた追い上げを、宮城県と仙台市は、猿害対策の事業として、昨年（2005年）から仙台市西部の山域を中心に開始した。

昨年12月3日、大倉（おおくら）ダムの上流に生息する「定義（じょうぎ）の群れ」は、大倉川の対岸、スギ林が途切れた所の急斜面に広がって、採食していた。訓練したモンキードッグ（サル追い犬）を連れ、河岸段丘から、急な崖を川まで下る。人馴れしたオトナのオスたちが、樹上からこちらの様子を眺めている。リードを首輪からはずし、イヌをサルに向かって放す。7頭のイヌは、勢いよく冷たい川に飛び込む。しかし、たちまち急流に押し戻される。ずぶぬれだ。

7回目、やっとのことで浅瀬を渡り切り、河原伝いに接近していく。サルたちのいる真下まで、イヌがなんとかたどり着いたそのとき、さっきのオスたちは毛を逆立て、いきなり木伝いに、イヌの頭上すぐ近くまで下りて来る。そして、枝を思い切り揺すり、ガガガと激しく吠え立てる。

そこは足場のない崖だ。イヌは助走をつけて、懸命に登ろうとするが、脚が滑ってままならない。そこでしばらく右往左往したあと、かれらは登れる地点を探して、河原伝いに上流へ走る。樹上のオスたちは、のんびりと採食に戻る。

この間にサルは、イヌが川を渡るのにきわめて不器用なことを、しっかり見抜いたに違いない。また、万が一崖を登って追って来ても、木に登れないことぐらい百も承知のはずだ。サルのイヌを小馬鹿にした振る舞いからは、そうとしか考えられない。

やがてイヌは、上流のゆるやかな斜面を登って、群れを追う。メスやコドモはスギ林の樹上を慌てて逃げる。さっきのオスたちもついていく。その後20日ほど、「定義の群れ」は、里に下りて来なかった。

今年（2006年）2月17日、人馴れの進んだ「奥新川A群」を、下流側から大倉ダムの方へ追い上げる。群れはダムの下手、左岸の岩場に逃げ込む。背後から回り込んで、モンキードッグを放す。イヌはにおいを頼りに駆けていく。少しして、イヌの吠え声とサルの悲鳴を遠くに聞く。私はその声を追うが、声の間隔はあき、声のたびに方向も変わる。追いつくのは至難の技だ。

イヌはメスと1歳のコドモを樹上に追い上げていた。メスは、真下から吠え立てるイヌの様子をうかがっていたが、やがて木の枝伝いに移動する。イヌは真っすぐには追わず、走りやすい場所を選ぶ。そして追い詰め、再び下から吠える。

何度もこれを繰り返す。きりがない。吹雪にもなってきた。イヌを回収する。群れはそれから2日間、岩場の奥深くに留まり、以後は、里を避け、雪の積もった山の中を移動するようになった。

こうしたサルとイヌの攻防は、山の中では、勝ち負けのけっしてつかない間柄であることを、私に実感させた。

古来日本人は、私が見たのと同様の現場を、繰り返し目撃していた。またサルを、人にごく近縁な動物で、人に似て賢く、しかも、人には不可能な立体空間を自由に動き回れる、尊敬すべき動物だと認識してきた。同時にイヌも、祖先とともに渡来して以降、人のどんな命令をも忠実に聞く賢い動物であり、嗅覚や走力などで、人の及ばない多くを補ってきた、敬愛すべき伴侶だった。

すなわち、両者間には力に優劣がなく、両者への尊敬や敬愛の念も甲乙がないという認識が、古来日本人にはあったに違いない。だから、昔話の桃太郎は、鬼退治に、誰よりも頼りになるサルとイヌを家来として連れていったのだ。だとすると、昔の人は「犬猿の仲」という言葉を、現在のように大変仲の悪いことのたとえではなく、むしろ、頼り甲斐のあるよきライバル関係という意味で、使っていたのではないだろうか。

肝っ玉が据わっている

モンキードッグ（サル追い犬）を、野生ザルのいる調査地で訓練中のことだ。箱わなにかかった壮年のオスは、山の中での生活をいくら観察しても見えてこない、内に秘めた恐るべき能力を、私にあからさまな形で見せてくれた。

箱わなとは、畑荒らしをするサルを、自治体が有害鳥獣として捕獲するための、縦（奥行）1メートル、横0・65メートル、高さ0・75メートルの鋼鉄製の檻である。

私たちは神奈川県藤沢（ふじさわ）市にある救助犬訓練士協会と共同で、サルの群れを元々のすみか、奥山に戻すのに有効な、モンキードッグを育てるマニュアル作りを進めていた。藤沢市の訓練場で、ひと通り訓練したイヌを、実際に群れのいる山の中や、畑荒らしをしている現場に連れていく。そうして明らかになった一番の問題は、サルを追うとき、イヌはどうしても嗅覚に頼ってしまう点だ。

群れのサルたちは、放たれたイヌに追われた瞬間は、四方八方に一目散に走る。しかし、少し先で集団に戻り、そこからは一気に高みへと逃げる。そこでイヌが、顔を少し上方に向けさえすれば、群れが丸見えである。ところがイヌは、かれらが最初に残した、入り乱れた無数のにおいに振り回され、鼻面を地面のすぐ近くに持っていったまま、右往左往してしまう。その点で、サルの群れを追うのは、単独か数頭で行動するクマやイノシシやシカなどを追う場合とは、わけが違う。

サルのにおいに対しては十分訓練済みだが、そのにおいと、前方に見えているサルの姿とを、すなわち、嗅覚情報と視覚情報を、イヌに頭の中で一致させる訓練が、大変難しいのだ。

その日は仙台市西部で、イヌに群れを追わせる予定だった。頻繁に畑が荒らされる場所を見て回る。その一カ所で、畑に隣接したスギ林に仕掛けた箱わなに、15歳ほどの、体格のすぐれた壮年のオスがかかっているのを見つける。

目下、箱わなの周囲に群れはいない。サルはこのオスだけだ。オスをイヌの目の前で檻から逃がせば、イヌは嗅覚と視覚を一致させながら、真っすぐ追っていくのではないか。20分ほど、シェパード3頭、ラブラドール1頭の、計4頭のイヌに、檻の外から、中のサルを威嚇させよう。そうすれば、においと姿とが一致するはずだ。一方で、仙台市から捕まったサルを放す許可をとる。

イヌは檻のぐるりを取り囲み、至近距離から、牙をむき出して激しく吠え立てる。それに対し、オスは少し肩をすくめ気味に、四角い檻の一つの隅から次の隅へと、動き回るイヌを避けるように動く。檻の隅に寄りかかれば、背中を噛みつかれるおそれのないことを知っているのだろう。

その際、オスは座った姿勢になる。股を開き、両足を前方に投げ出した格好だ。この姿勢だと、一見無防備のようだが、頭が上方を向くから、イヌの動きを警戒しつつ観察するには、都合がいいのかもしれない。

そうしながらオスは、怖いとか、参ったとか、自らが弱いことを示す、口の両端を引きつらせた〝泣きっ面〟を一度も見せていない。心なしか、余裕のある表情すら浮かべている。

ただ、四隅のどれかに背中をつけて、頭を上げて座った姿勢をとると、安定を保つため、どうしても両手、ないし少なくとも片手は、檻の金網をつかまざるをえない。イヌは檻の外に出た指に嚙みつこうとする。オスは、そうはさせじと、じつにタイミングよく、指を金網から離す。イヌの興奮がさらに高まる。

もういいだろう。ハンドラー（イヌの訓練士）がリードを引いて短くし、扉のすぐ前方左右に、2頭ずつを待機させる。

準備万端が整った。檻の扉を開ける。と、中のオスは、手足を檻の底につけて踏ん張り、一瞬前方を見て身構えたかと思うと、両足で思い切り蹴って、外に跳び出す。そして、向かい合って構えるイヌの中央に手をつき、同時に足で蹴って、次の瞬間にはもう、スギの木に跳びついていた。しかもスギの木は、オスがひと息に登りきるのに都合のいい太さで、檻の扉の位置から数えれば、3本先の木だ。

オスのこの逃走に対し、イヌたちは、とっさのことであり、予期せぬ事態だったのだろうが、なんの反応もできない。ハンドラーからの指示もない。

オスは、自分の体より3倍も4倍も大きな、凶暴で面構えの恐ろしいイヌに、檻の金網越しに、歯をむき出しにして激しく吠え立てられ続けた。いうなれば絶体絶命の中で、それでもパニック状態には陥らなかった。しかも扉が開いたとき、そこから外に出られること、少し先に登るに適した太さの木があること、両側をイヌや人に囲まれていても強行突破が可能なことなどを的確に判断し、かつ、全く躊躇せずに行動に移した。

近くで見ていた私は、この驚くべき、肝っ玉がしっかり据わった大胆不敵さと、瞬時の状況判断能力と、俊敏な行動力に、心底、度肝を抜かれる思いだった。

それだけではない。そのあとオスは、スギ林の枝伝いに移動し、少し先で畑に下りる。ハンドラーは、近くに民家があるので、イヌのリードをはずせない。リードを持ったまま、イヌと共にオスの方へ走る。一方、オスは畦を走って、途中で一度振り返る。そして、その直後からは、走るのを止め、背中を弓なりに反らせて、大股の、悠然たる歩みに変える。

農家にはよくイヌが飼われているが、もちろんリードで繋がれてだ。そうされているイヌは全然怖くないことを、経験上知っていたからに違いない。オスはそのまま、なにごともなかったように、畦の尽きるところまでいき、そこから、川岸の崖へと下りていった。

それはそうと、人の居住地のある一帯では、法律上イヌのリードを外すわけにはいかず、自由にサルを追わせることができない点も、モンキードッグを使った猿害防除の効果を半減させていることは確かだ。

サルに馬鹿にされていないか

私たちとニホンザルは、古来どのようなつき合いをしてきたのだろう。

日本人の最初の祖先、縄文人が渡来したおよそ2万年前、日本列島にはすでに、ニホンザルが広域に分布していた。狩猟を生業の一つとする縄文人は、サルの肉は食用に、頭や内臓は薬用に、毛皮は衣料として利用していた。

そうしたつき合いの中で、アニミズム的な一体感も醸成されていったはずだ。

また、化石からは、サルがいまよりやや大柄であり、遺骨からは、縄文人が私たちより小柄であったことからして、とくに交尾期の威風堂々たるオスザルは、子グマほどの大きさに映っていたに違いない。

その後、弥生人が渡来し始める。彼らは定住する稲作農耕民である。低地の木々が伐り払われ、開墾される。近隣の林は農用林、里山へと変化していく。サルは、そこでは、農作物を荒らす害獣と認識されていた。一方で、人に近い動物であり、その賢さから、土着の信仰の中にも組み込まれていった。やがて、人口が急増し、稲作を中心とする日本国家が成立する。それ以降、サルは害獣および狩猟動物として、里山を中心に、人との攻防を繰り広げながらも、両者は、基本的には、奥山と人里とにすみわけ、共に生きてきた。

長く続いた、このような共存の状態は、近代に入って劇的に変化する。明治の中期以降から戦前にかけては、銃器の発達や狩猟技術の向上によって、とくに積雪地域のサルは、冬場見通しがいいし、雪面に足跡が残ることで、大量に撃たれる。そして、東北から北陸地方にかけての多くの地域で消滅していく。

しかし、戦後繰り広げられた国有林の大規模伐採と奥山の開発は、天然林のバランスを壊し、二次林を生み、多様で多量の食物をサルに供給することになる。サルの数は回復する。同時に、伐採や開発に伴う縦横無尽の林道や舗装道路の建設によって、サルの移動は驚くほど容易になる。

その後、農業の機械化や、人里の過疎化、里山の消滅といった、今日の時代が来る。里山という、人とサルの緩衝地帯はなくなり、人里の防御力は著しく低下する。サルは奥山と人里とを、林道や道路を伝って自由に往き来し始める。しかも農作物は、奥山の自然の食物とは違って、豊作、凶作といった年変動がない。栄養分も豊富だ。サルの数は爆発的に増える。

そして現在、奥山に戻ろうとするサルは、もう日本列島のどこにもいない。人里に定着し、人を小馬鹿にし、市街地への進出を強力に押し進めている。

食糧や薬用として、ときに神や神の使いとして、日本人の経済生活や精神生活の中にしっかりと根づいていた〝文化遺産としての日本猿〟像は、いまや風前の灯である。同時に、戦後まもなく、日本の学問の世界に華麗にデビューしたサル学も、サルの圧倒的なパワーの前では、いまや色褪せ、ほとんどなす術を失っている。

日本人は将来、ニホンザルをどう認識するようになるのだろうか。

保護から共生、そして管理へ

サルのような知能の発達した動物では、置かれた状況で、人に対する態度がずいぶんと異なる。

戦後のしばらくは、全国どこのサルも、長い間、人に痛めつけられてきた歴史の重圧を背負って、警戒心がとても強く、人を見たら直ちに逃げ去る、という反応しかとらなかった。最初に人を発見したサルが、逃走を開始する。群れの全員が、間髪を入れずに続く。そのとき、かれらがみごとに統制された集団行動をとっているように人には見え、逃げのびた先でなお、あたりを警戒する一頭一頭からは、精悍さが溢れているようにも映ったことだろう。

この態度は、世代から世代へと受け継がれ、容易には変化しない。それを変えたのが〝餌づけ〟である。食べものの持つ絶大な魅力を使うのだ。人の与える大量の餌の魅力に負けたサルたちは、さえぎるもののない広い裸地(餌場)に連れ出され、観光資源として見せものになった。1950年代初頭から1960年代にかけて、全国各地に誕生した餌づけザルを見せる施設、野猿公苑は四三カ所にものぼる。その背後に、当時の、野生動物に対する愛護や保護の潮流があったのは明らかだ。

野猿公苑の餌場は、葉の生い茂る山の生活に馴染んだサルに、大変な緊張を強いる。観光客の唐突な振る舞いや喧騒に対処しなければならないし、仲間と餌の奪い合いをしなければならない。とくに、オトナのオスに緊張が高まる。かれらは苛立ち、不必要に力み返り、やたらと仲間を攻撃する。こうした態度が、見る人に覇気を感じさせたのだろうが、どの野猿公苑でも、きわ立って腕力の強いオスは〝ボス〟と呼ばれ、その顔写真が立派な額に入れられ、飾られてもいた。

野猿公苑では、やがて、サルの世代が交代し、餌場育ちの世代がオトナになると、人に対する態度はへつらいや媚びへと変化する。餌場で餌の取り合いをするのは、主にオトナのメスに変わる。メスは親子姉妹でたがいに結託し、ときにはオスの力を借りて、強さを主張するようになる。そのようなメスの態度は、見る人に、覇気ではなく、むしろ図々しさや意地汚なさを印象づけた。

ところが、餌場からいったん山へ引き上げると、サルの態度は一変する。かれらは人を見ても逃げないし、いくら近づいても、人が餌を持っていなければ、たいていは無関心だ。ただ、不用意にアカンボウに接近したり、オトナが横になって休んでいるすぐ近くを、ぶしつけに歩いたりすると、たちまち怒りを爆発させる。かれらの態度はじつに横柄だし、長く鋭い犬歯を振りかざすから、身の危険すら感じる。餌場ではたがいにいがみ合っていたのに、山では人に対してスクラムを組む。

サルの怒りを鎮めるには、じっとおとなしくしているしかない。とくに、伐採跡地の二次林など、きつい藪の中だと、かれらは頭上から攻撃でき、人をのんでかかるから、なおさらだ。そのような気迫のこもった粗暴さを目の当たりにすると、かれらへの恐怖や屈伏を通して、人はなにがしかの畏敬の念をも抱く。

餌づけでなく、警戒心の強いサルの態度を変えさせる方法が、もう一つある。それは〝人づけ〟と呼ばれる。来る日も来る日も群れについて歩き、根気よく警戒心を取り除くやり方だ。人づけは大変に時間がかかる。とくに、群れが大きいと、やっと馴れてきた何頭かが〝壁〟になり、馴れない大多数は壁の向こう側に位置するから、かれらに接近できる機会はほとんどない。馴らす作業は、餌づけのようには、おいそれと進まない。

それでも、やがてはサルとの根比べに勝ち、かれらにとって人は、同じ自然で共に生きるシカやカモシカほどの存在になる。そうなると、サルのごく普通の日常生活を眼前に見ることができる。かれらはもう人を警戒しないし、緊張もしない。その日常は少しもドラマチックではない。山の中でかれらは、できるだけ楽をしながら、食べては休み、食べては寝ることを淡々と繰り返す。そういった態度はひどく怠惰に映るし、それに退屈さを覚えない人は、おそらくいないだろう。

ところで人は、サルにかぎらず、狭い檻に閉じ込められ、行動の自由を奪われた動物が示す、覇気のない、しょんぼりした、あるいは極度に苛々した、明らかに心を病んでいる振る舞いを、痛ましいとも思い、同情もする。そして、頭の中でそれらと野生を対比させ、野生の生きざまを無条件に美化してしまうことが多い。

それは、たとえば映像で、野生の生死を賭した血湧き肉踊るドラマを期待するのと、たいして変わりはない。事実、その期待に応えるように、野生動物の保護が声高に論じられていた１９７０年代から１９８０年代前半にかけては、テレビのどの放送局も、週に一度は自然番組を流していた。

うんざりするほどの退屈さも野生の顔なら、退屈なかれらの日常に生や性や死が深い影を落とす、長い時間幅でのドラマチックな一瞬も、野生の顔であることは確かだ。そういった野生の顔に、人が見とれていたと同じ頃、かれらの人への〝反乱〟が、全国津々浦々で、深く執拗に浸透していた。

それに対して人が本気になったのは、すなわち、全国規模で〝社会問題化〟したのは、愛護や保護に代わって、野生との共存や共生が叫ばれるようになった１９８０年代後半になってからである。かれらの反乱は、一般には〝獣害〟と呼ばれる。サルの場合は〝猿害〟という。

この時点から、野生は、人にとって、戦うべき〝敵〟になったのだ。野生に対して、人は初めて憎悪や憤怒の感情をあらわにする。同時に、戦う相手の手ごわさも認識するようになる。

戦（いくさ）は年を追うごとに熾烈になり、１９９０年代後半から２０００年代に入ると、共生は管理へと大きく舵を切る。そして、現在でも人は、戦の最前線で、勝った負けたに一喜一憂し続けている。

戦に際して人の用いる〝兵器〟は、最初はロケット花火やドラム缶と棒だった。それが次第にエスカレートし、いまでは、電気柵や箱わな、括（くく）りわな、散弾銃やライフル銃が、ごく普通である。一方、それに対抗する野生側の兵器は、身に備わった鋭い犬歯や角などではない。繁殖力なのだ。その戦況を、〝支配地域〟の拡大や数の増加という側面から見れば、野生側が圧倒的に優位に立っている。

この戦は、そう簡単には決着しないだろう。その間に、人の心象風景としての野生は、いったいどのようなものへと変わっていくのだろう。

左頁：「サルだ、サルだ」突然出没したサルの群れに住民が気色ばむ

集落の電話線を移動するサルの群れ。人を恐れない自由奔放さが軋轢を生む

上：狛犬とにらめっこ。好奇心旺盛だ
左：道路を横断中、強烈な威嚇で人を脅す。多頭数の攻撃にはお手上げだ

犬種や状況を瞬間に読み取るサル。繋がれていれば、それなりに対応する。賢さが憎らしさに変わるほど

「犬猿の仲」

上と右：モンキードッグ。イヌでもってサルを制す。猿害対策の切り札として期待は非常に高い。里山の緊張関係にひと役買う

あっ、危ない。思わず声が出る。山間部の道路を往来するダンプに、直前まで逃げない。左頁下のような道路上の轢死をロードキルという

ロードキル

サル　ときにひんやりと、ときに温かい路面。遊動の途中でひと休み

テン　犠牲になった一つの命。交通事故は悲惨だ

イタチ　敏速ですばしっこいはずなのに

ホンドリス　傍らのオニグルミの果実が哀しい

ノウサギ　夜道、車のライトに目がくらんだのか

第5章

けものたちのドラマ

雪の舞台

画面で見るどんな迫力ある映像より、奥深い山で直接目にする動物たちのドラマは、たとえそれが一瞬でも、どうして記憶の中でいつまでも色褪せないのだろう。

私は石川県白山で、サルの群れの数と群れごとの頭数を調べる冬期調査を、長年続けてきた。そして、いつの冬も、一つか二つ、雪の舞台でかれらのドラマを目の当たりにしてきた。

ある快晴の朝のことだ。2頭のキツネが、長い冬毛を黄金色に輝かせ、向かい合い、身を反らせて、二本足で垂直に跳びはねながら、いっとき戯れ続ける。すぐ近くの河原には死んだカモシカが横たわる。それは、偶然ありついた大量の肉を前に、神々に感謝を捧げる踊りのように、私には思えた。

もやのかかった昼下がり、2羽のイヌワシがもつれ合うように、螺旋を描いての急降下と、谷風に乗っての急上昇を繰り返す。その勇壮な舞いは、きっと繁殖のための、つがい形成の儀式なのだろう。

陽が山の端に沈んだ直後の夕方、対岸の険しい谷で、大きな表層雪崩（ひょうそうなだれ）（あわ）が発生する。周囲にいたサルは一斉にギャンと叫んで跳ねとぶ。座って反芻していたカモシカも、起き上がりざま跳躍する。その瞬間、雪崩の雪煙がカモシカを呑み込み、谷底へと一気に走る。

そして、今年（２００８年）の冬は、調査5日目の朝だった。前日までの猛吹雪が嘘のように、雲ひとつない抜けるような青空が、銀世界をまぶしいほどにきわ立たせていた。

サルは吹雪の間はほとんど移動せず、十分な採食もできていない。だからこの朝は、新雪が締まってくる10時頃には、泊り場のスギ林から採食場所へ、急速な移動をするに違いない。群れの頭数を数える絶好の機会だ。対岸斜面の中腹にカウント地点を定め、雪を踏み固めて、座って待つ。

予想通り、10時を過ぎて、群れは上流へ向かって移動を開始する。一頭一頭を、オスかメスか、年齢は何歳かを、ノートに記録していく。

と、スギ林の、サルが出て来るのとは反対の林縁から、直下の急な崖へ、黒い細長いものが飛び出し、弾丸のように落下する。すぐうしろからキツネが姿を現わし、思い切り跳ねる。逆光で黒く細く見えたのはヤマドリのオスだ。次の瞬間、ヤマドリは雪面を蹴って翼を広げる。キツネは前肢で急制動をかける。雪煙が上がる。

続いて、ヤマドリが3回、強く羽ばたくのと、尾根上のコナラの梢にいたクマタカが飛び立つのが同時だった。クマタカは翼をたたみ気味に、ヤマドリに向かって斜め一直線に急降下する。ヤマドリは翼を水平に広げた状態で、地面すれすれを滑空する。そして、すぐ先、小さいヒノキ林にすべり込むのが、クマタカが太い脚を前方に思い切り突き出して捕らえるより、ほんのわずか早かった。

ヤマドリは、サルのいたスギ林の縁で、ジュウモンジシダをついばんでいたに違いない。そこをキツネが襲い、続いてクマタカが襲うが、ぎりぎりのところで、両方の難をのがれた。

そのあとクマタカは、上空を2回旋回し、また翼をたたんで、さっきから谷川に潜っては採食中のカワガラスに突進する。それは腹いせだったのだろうか。流れを叩いて川面から飛び立つ黄色い脚に、獲物のカワガラスはわしづかみされていなかった。

ひと息つく。まだサルの移動が続いている。ごく短時間だったとはいえ、サルを何頭か数え落とした可能性が高い。場所を前方に変えて、もう一度初めからやり直しだ。でも、三者が演じた寸劇の子細は、私の脳裏で、永久に鮮明さを失うことはないだろう。白山で〝宝物〟をまた一つ拾ったな。

生命の炎が燃え立つ刹那

大自然での生命の営みとは、どのようなものなのだろう。

ある冬のことだ。青森県下北の、人っ子ひとりいない山奥の細い林道を、朝からサルを探して歩いていた。林道に積もった雪は、わりと締まっていて、かんじきをつけないでも問題ない。左手道端の低木に、サルが樹皮をかじった痕跡を見つける。歩みを止めて近づく。枝先を手にとり、冬芽を調べる。マルバアオダモだ。

林道は、そこから40メートルほど先までが直線で、左にカーブしている。ふと、私の右手、林道の前方から、なにがしかの気配を感じる。顔を少しだけそちらに向ける。と、そのカーブから、耳の先だけが黒く全身が純白のノウサギが現われ、まさに〝脱兎の如く〟という言葉通りに、全力で走って来る。すぐうしろ、1・5メートルほどの間隔をおいて、ノウザギよりひと回り小さい、頭部だけ白くて全身が黄金色に輝くテンが、追いかけて来る。

前者は後ろ足で思い切り跳ねとぶ。後者は尺取虫のように背を懸命に曲げ伸ばしする。走り方の対照が鮮やかだ。両者は一瞬にして、私のすぐ脇を音もなく駆け抜ける。

林道は、両者が駆けていく先、私がいま歩いてきた方向の、30メートル後方までが直線で、そこで左に直角にカーブしている。カーブの右手、路肩側は、谷底に向かっての急斜面だ。

全力疾走中のかれらの距離はもうほとんどない。そして、まさにその曲り角で、テンがノウサギに跳びかかり、両者は左に曲らず、そのまま真っすぐ、もつれるようにして右側の急斜面に突っ込んでいく。

すごい光景を見た。あまりの感動に心臓が震え、熱く鼓動する。私は気を取り直し、2頭が消えた曲り角まで様子を見にいく。急斜面の下方、谷底近くで、テンはノウサギを仕留めただろうか。
路肩から下方をのぞき込もうとしたとき、10メートルほど先の林道を、テンが路肩側から姿を現わし、左側ののり面の方へ横切っていく。いつも見るゆったりとした歩の運びである。ノウサギはなんとか逃げ切れたのだ。その姿は急斜面の下方に、すでになかった。

しかし、たとえノウサギがその場で捕捉され、テンに食べられていようと、そんなことはたいした問題ではない。私にとって重要なのは、実際は何秒間というわずかな時間だったはずだが、もっとずっと長く感じられた、両者を目撃してからの一部始終に、生きもの個々が持つ、生命の営みの強烈な燃焼の瞬間を見、両者の全身全霊を賭した神々しいまでの崇高さに、深い感銘を受けたことだ。

ところで、テレビや新聞の関係者をはじめ、多くの日本人にとって、ライオンは相も変らず百獣の王であり、野生は弱肉強食の掟が支配し、生存競争に明け暮れる修羅場であるようだ。だが、そのような、血生臭い殺伐とした競争原理でしか自然界を認識できないとしたら、それはなんと哀しむべきことか。

一方で、生態学という学問では、捕食者と餌食（えじき）、すなわち、食物連鎖という、味も素っ気もないひと言で片づけ、それが自然の摂理であると説く。そうなると、私が目撃したテンとノウサギも、その単なる一事例に過ぎなくなる。しかし、個々が厳然として持つ生命というものを消去した、平板な数の論理でしか自然界を認識できないとしたら、それもまた、あまりに哀しむべきことだ。

いかに楽をして美味しいものを食べるかが、すべての動物の、日常の生を律している。その中にあって、生命の炎が燃え立つ、雪深い林道で目の当たりにしたと同様の、きらりと輝く神秘的な刹那を求めて、私はこれまで、大自然行脚をひたすら続けてきたように思う。

陰と陽

11月12日（2005年）、木枯らし1号が関東地方をビューと走り抜けた。その勢いは、北国に重い鉛色の雪雲を運んで来るのに十分だ。

少し前まで、強い真夏の陽光が、濃緑のブナの葉一枚一枚に反射して、峰を渡る涼風と戯れていたというのに。季節の移り変わりの速さには、いつもながら驚かされる。冬はもうすぐそこだ。

木々の葉が落ち尽くし、大地が雪化粧を済ますと、私の山通いはせわしさを増す。その静寂の中では、人にも、車をはじめ、あらゆる文明の利器による騒音にも悩まされず、野生ザルの平穏な日常の観察に埋没できる。

北国の雪山では、吹雪が阿修羅のごとく荒れ狂い、視界が完全に閉ざされる陰うつな日々がある。そんなときでも、雪に埋もれた調査小屋の軒下を、艶やかな黄金色のテンが走る。

それに、どんな猛吹雪でも、数日もすれば、かならず止む。雪が小降りになったな、と気づくころ、きまってエナガの大群が、ツリリリと細く透明な声を響かせ、梢を渡っていく。小さな体の白地に黒の縞模様は、すっかり雪景色に溶け込んでいるが、肩のわずかな赤紫色は強烈な自己主張だ。負けじと、淡い青のゴジュウカラが、トゥイー・ピッと自らの声にはずみをつけながら、太い木の幹伝いに上へ下へと螺旋を描く。

翌朝には、遅い朝日が峰々を薄紅色に、やがて紺青に染めながら昇る。その陽光のまばゆさは、盛夏のどの日差しをも凌駕する。

透明な青空のもと、キツネが踊る。サルが遊ぶ。カモシカが歩く。ウサギが走る。イヌワシが大きな弧を描く。クマタカが滑るように飛んで、ヤマドリのつがいを襲う。雪面すれすれを慌てて逃げるヤマドリのオスの、目を縁どる朱色は、ルビーの輝きにも劣らない。信じられないだろうが、そんな真冬の晴れた日中は、風さえなければ、Tシャツ一枚でも快適な山歩きができる。

新雪は融けるのも早い。雪崩の落ちた跡を横切ると、ときに雪面から、カモシカの角やひづめの先がわずかにのぞく。このぎらつく雪の下には、雪崩にあって息絶えた、灰色がかった黒い巨体が確実に横たわっている。

そういえば、盛夏のブナ林も、外から見る、射すくめるほどのまぶしさとは裏腹に、林の中に細くくねくねと続くけもの道には、アマゾンの熱帯雨林の底と変わらぬ闇が漂う。とくに、発達した積乱雲が覆いかぶさった瞬間、闇は一気に濃く広がる。

そして、豪雨が襲う。ブナの巨木の洞に逃げ込むしかない。そんなとき、長い冬、小さなアカンボウを育みながら、うたた寝し続けるメスグマの気持ちを、ふと思ったりもする。

豪雨が通り過ぎた森では、葉を伝ういくつもの水滴が、乱反射を次々に伝えながら、かすかな光を林床まで届ける。その揺れる光のすべてを、これでもかと集める豊麗なヤマユリの一輪が、強烈な香りを伴って目に飛び込む。すぐ先には、ユリの白に負けじと、深紅の衣装をまとったタマゴタケが、褐色の土からにょきりと頭をもたげている。

自然とは、このように、冬も夏も、もちろん春も秋も、常に陰と陽が繰り返し、陰と陽が背中合わせに重なり、陰が陽を、陽が陰を包み込む、そういう世界なのだ。古代中国の「陰陽道（おんみょうどう）」は、この自然の摂理に深く根差しているに違いない。それに比べ、私たちが生きる現代は、どうして、多くの事象を明と暗とにあっさり峻別し、そして納得したがるのだろう。

「首なしカモシカ」のピースサイン

野生動物とのつき合いが楽しいのは、一つには、かれらがふとした機会に、思いがけないことを見せてくれるからだ。

宮城県金華山には、野生のシカが多数生息している。5月末のある日、朝から濃い海霧が立ち込めていた。すぐ前方のスギ林から、コリッ、コリッという耳慣れない乾いた音を聞く。濃霧で10メートル先も見えない。そおっと接近する。流れる霧が一瞬薄くなる。太い骨をくわえた茶色い巨獣が、眼前にぼんやり浮かび上る。えっ、ライオン？　私は腰を抜かさんばかりに驚いた。

実際は、腹の大きなメスジカが、白骨化したシカの大腿骨（だいたいこつ）を横にくわえ、奥歯でかじっているところだった。出産間近のシカが、シカの骨を食べて、カルシウムの補給をしていたのだろう。

石川県白山は豪雪地として名高い。2月末、その日は珍しく雲ひとつない快晴だった。イヌワシが悠然と上空低くを舞う。カモシカが2頭、雪に体半分埋まりながら、私のいる下流方向へ、真っすぐにラッセルしてくる。500メートル以上も離れているし、逆光だったので、双眼鏡では黒い点にしか見えない。

かれらは休まず歩いて、突然向きを直角に変え、斜面を真っすぐ登り始める。私からは横向きになった瞬間だった。なにっ、このカモシカ、首から先がない。

イノシシが白山山域に西から進出して来たのは、その前年（2002年）の夏からだと、のちに村人から聞いた。しかし、こんな山奥の、雪深い中にいるなんて、誰が想像できるだろう。

イノシシの首は、カモシカと違って、肩に埋まっている。頭は大きくて鼻面が長い。いまは、鼻先から体の下半分が雪に隠れている。それは、首を斜めに切り落とされたカモシカにしか見えない。私はこの雪山のイノシシに、「首なしカモシカ」と愛称をつけた。

以後、イノシシは有害獣として次々に捕獲され、村人の誰もが、白山山域にはもういないという。それが、4年後（2006年）のこの冬、サルすら冬場は利用しない峡谷の源流域で、三度も首なしカモシカに出会えた。一度は、はるか対岸の垂直に近い斜面を、一列になって登っていく母親とうり坊3頭の、4頭集団だ。短い足のわりに、ラッセルする速度はけっこう速い。

距離が少し離れているとき、シカやカモシカなら、私が大声を出すと、立ち止まって様子をうかがうという行動をとる。イノシシならどうするか、かれらに向かってひと声叫んでみる。そうしたら、4頭全員が立ち止まり、一斉に首を右に振る。もうひと声叫ぶ。今度は、みなが首を左に振る。なんともほほえましい反応に、麓から雪を踏み締め、延々と歩いて来た疲れは吹き飛んでしまう。

もう一度は、林道が、突き出た尾根をぐるっと回るその尖端で、鉢合わせの状態だった。特大のオスが脱兎の如く走り去る。雪面に印された足跡をたどってみる。

そうか。ここに来るまで、カモシカの足跡をいっぱい見たと思っていたが、そのいくつもがイノシシのものだったのだ。よく見ると、カモシカと違って、イノシシのは、雪の深い所では、ひづめの先が大きく開いている。だから足跡は、私たちが人さし指と中指をVの字に開いて、ピースのサインをするのとそっくりになる。

静寂が支配する山奥の銀世界にいれば、猟師に追われることはない。駆除をのがれた首なしカモシカたちが、こんな所で、ピース、ピースと、一歩ごとに雪面に印をつけながら、のんびり暮らしているんだと思うと、なぜかうきうきした気分になる。

自然とは意外性に富んだ存在だ。だからいつも、どこかで、心ときめく発見が待っている。

人の道とけもの道

人の営みは、野生動物の暮らしぶりにさまざまな影響を与えている。なかでも、道路がクマやサルの行動半径を大きく変えた点は、あまり注目されていない。

世界のどこでも、大地に最初に道をつけたのはけものたちである。大学院の5年間、私は東アフリカの無人の原野で野生チンパンジーを追ったが、長距離の移動の際は、きまってゾウ道を利用した。ゾウ道は、原野を最も楽に歩けるようにつけられているからだ。

同じ原野を昨年（2002年）、35年ぶりに訪れた。その一帯には、点々と小さな集落が誕生していて、かつて通い慣れたゾウ道には、自転車の轍（わだち）があり、集落を結ぶ人の道になっていた。

東アフリカでの調査のあと、1971年からは、南米アマゾンに調査地を変えたが、熱帯雨林の底にも、同じようにけもの道が縦横に走っていた。

ただ、ゾウやバッファローに匹敵する、超大型の哺乳類がアマゾンにはいない。最大のブラジルバクで、せいぜいシマウマのコドモほどだ。だから、けもの道は、しばしば見失うほどに細い。おまけに、藪になった所はトンネル状で、四つ足のけものならくぐり抜けられても、私は悪戦苦闘する。

そんなことでは、もっぱら樹上で暮らし、すばしこく動くサル類の生態調査など、とてもおぼつかない。広大な熱帯雨林の只中に、なんとか調査に適した場所を見つけると、まずは藪を切り開き、真っすぐな太い観察路作りをする。そのとき、いつも驚かされるのは、早ければ道作りした翌日にはもう、ジャガーやバクやペッカリーの足跡が、観察路沿いに印されていることだ。かれらも、藪くぐりの連続より、私が作った観察路をゆったり歩きたいに違いない。

昨秋（2002年）からは、宮城県西部で、いくつものサルの群れを追っている。調査に際しては、群れに遭遇するか、群れが近くにいる手がかりの糞や食痕を発見するまで、とにかく車を走らせる。

宮城県ではどこでも、東部に発達した市街地から、山里を経て、奥羽山脈のふところ深くまで、舗装された国道や県道、砂利敷きやぬかるみの林道など、道路が無数にある。そしてこれまで、道路に沿って移動するサルの群れに、繰り返し出会ってきた。

ほんの20、30年前までは、同じ地域で、藪をかきわけ、岩場を上り下りし、ブナやモミの巨木に圧倒されながら、群れに懸命について歩いたものだ。日暮れて研究室に戻り、地図に群れの移動ルートを書き込むのだが、ずいぶん歩いたと思っても、実際には、直線で1キロメートルを超えることは少なかった。

当時サルは、茂みの中では、仲間を呼ぶまろやかな声をよく発した。岩場を通過する際には、後続を待った。モミの大木に登っては、長い休息をとった。それがいまは、移動に道路を利用するから、声もなく、休むこともなく、1キロメートルの移動など、あっという間である。

近年サルやクマは、頻繁に人里に現われるようになった。そのことに、人の作った道路が影響しているのは確かだろう。かれらにとって、すみかの奥山から人里まで、道路を伝えば一日で往復できる。人里に現われるかれらは、奥山からの通いの連中といっていい。やがて農作物や残飯の味を覚え、駆除される。

かつて人は、先住者であるけものたちのつけた道を利用して移動した。そのけもの道は、集落間、地域間の経済や文化の交流の基盤をなした。このような人類の歴史を顧みれば、いまは逆に、人の道を利用して里通いする野生動物に、もう少し温かい眼差しを、と思う。

哀しきクマ棚

昨年（2006年）の秋遅くのことだ。木々の葉が落ち尽くした仙台市西部のどの山里にも、私の心を重くする風景が展開していた。民家や田畑の脇の、どのクリの木にも、ひときわ目立つ大きなクマ棚が作られているではないか。長年この地域を歩いてきて、こんな景色を見たことがない。

11月16日には、広瀬（ひろせ）川の支流、大倉（おおくら）川の上流を歩いた。観光名所の「定義如来（じょうぎにょらい）」があるすぐ下手、川に面した絶壁の上に小高い丘があり、そこにクリ園がある。クリの木は100本ほどだろうか。そのほとんどすべてにクマ棚があり、しかも、太い枝が何本もへし折られている。新しい糞も一つある。ほかに、サルのいましがたの糞が四つ、カモシカの積み重なったつぶつぶの糞が一つある。イノシシの鮮明な足跡が四カ所にある。クリの実を求めてやって来たかれらの動きが、手に取るようにわかる。

一方、丘の上から見渡せる、里山やその背後の奥山のどの斜面にも、例年ならごく普通に点々と見られるクマ棚が、一つもない。

ところで、昨年ほど、人と野生動物との軋轢（あつれき）がマスメディアを賑わせた年はないだろう。クマ、サル、イノシシ、シカ、それにスズメバチとヤマビル。なかでも、ツキノワグマの登場回数は断トツだった。私の住む宮城県だけでも、クマの目撃情報は657件、箱わなによる捕獲は207頭に及ぶ。そして、東北6県では、駆除された頭数は1800頭を超えるという。信じがたい数字である。原因は山の木の実の不作とされた。

しかし、簡単にそう片づけてしまっていいのだろうか。雪国のツキノワグマにとって、ブナ科の樹木の堅果（ナッツ）は、生存と繁殖に直結している。半年近く続く飲まず食わずの冬ごもり期間を、無事に生きのび、かつ子を産み育てるには、秋に、脂肪分や澱粉の豊富なナッツを、来る日も来る日も腹いっぱい食べ、いま流行りの言葉でいえば、重度のメタボリック・シンドローム状態にならなければいけないからだ。

仙台市西部では、ブナ科の樹木のうち、標高の高い所にはブナの木、低い地域にはコナラ、ミズナラ、クヌギなど、どんぐりをつけるコナラ属の木々が圧倒的に多く、さらに低い山里にはクリの木が多い。そこには、こぢんまりしたクリ園もあちこちにある。

クマは、年ごとに稔り具合が異なるブナの実やどんぐりやクリの実のうち、その年豊作のナッツを飽食することで、日本人よりはるかに長い歴史を、雪国で生き抜いてきた。それが昨年は、あまりないことだが、ブナの実もどんぐり類もおしなべて大凶作で、唯一の豊作がクリだった。したがって、クマがクリを求めるのはしごく当たり前のことである。ひもじい思いをして、やむにやまれず農作物荒らしやごみ漁りに、山里に降りて来たのではけっしてない。

クリの木は集落の周囲に集中してある。クマはその実を当然のごとく食べに来る。そこを住民が目撃する。住民からの情報があると、自治体はそこに箱わなを仕掛ける。クマはクリを食べ尽くすまで、繰り返しやって来る。だから、箱わなにもかかるわけだ。

おそらく昨年は、普段なら人前に姿を見せることのない山奥で暮らすクマの多くも、クリの実を求めて、集落の近くまで降りて来たはずだ。それを片っ端から捕獲していったら、クマはこれからどうなってしまうだろう。クリの木に作られたいくつもの大きなクマ棚は、雪景色に変わった山里で、いまも哀しげに目立つ。

シカとカモシカの糞の見分け方

街なかの、たとえば、公園に動物の白骨が落ちていたら、誰もが気味悪いと思うだろう。並木道に動物の糞が落ちていれば、きたないと思うだろう。ところが、山では宝物に出会ったような気分になり、骨なら手に取って、糞なら細い枯枝の先で潰してみたくもなるものだ。

山梨県大月市の北部山域は、どこも地形が急峻で、いたる所に岩盤が露出している。そこには、カモシカやシカをはじめ、日本を代表する野生哺乳類のほとんどが生息する。しかし、実際に観察しようとすると、急斜面を強引に削って作られた林道に沿って歩くしかない。一方で林道は、かれらにとっても快適な移動ルートになっているから、足跡や糞や食痕など、フィールドサインを発見するには都合がいい。

大学から近いこの地域で野外実習を計画し、下調べに訪れたときだ。私は当惑する。林道に散乱する黒豆のような糞が、カモシカのものかシカのものか、判別できないことに気づいたからだ。

一般に、カモシカは一カ所に大量の糞をし、シカは歩きながらぱらぱらするといわれている。私の観察でもそうだ。ところが、カモシカしかいない青森県下北や石川県白山で、雪上に点々と落ちている糞を何度も見ているし、シカしかいない宮城県金華山では、カモシカそっくりな糞塊を、やはりしばしば目撃している。それに大月市北部では、急斜面の上から、風雨によってや、落石や崖崩れに伴って、林道上にカモシカの糞が数粒、転がり落ちることだってあるに違いない。

フィールドサインを解説したガイドブックによれば、シカに比べ、カモシカの糞は幾分細くて長いという。だが、年齢が違えば大きさは異なるし、食べものによって形も微妙に変わる。

よし、こうなったら、道端で一瞥しただけで、両者を区別できる決め手を見つけてやるぞ。早速、下北と金華山でサルを調査中の仲間に連絡し、なんでいまさら糞を、と馬鹿にされながらも、両者の真新しい糞を宅急便で送ってもらう。

その後、研究室の床は、両方の糞で足の踏み場もなくなる。電気ストーブで乾かす。横断面や縦断面を見るために半分に切る。水にそのまま浸けておく。水に入れて潰す。水洗いした残りかすを濾して干す。チャック付ビニール袋に密閉して保存する。研究室を訪ねて来た人たちには、さすがにひんしゅくを買ったが、毎日、このように糞をいじっていると、なにかしらの発見があり、けっこう楽しいものだ。

そうこうしているうちに、はたと気づく。両者をウシとウマの違いにたとえればいいのだ。モンゴルの遊牧民は、ウシの乾燥した糞を燃料に使うが、ウマの糞を使うなんて聞いたことがない。それと同じで、カモシカのは臭いし固まるが、シカのはあまりにおわず、乾くとばらけてしまう。

また、新しい糞を水に溶かすと、カモシカのは黄緑色に濁るが、シカのは濁らず、褐色に少し色づくだけだ。密閉しておくと、カモシカのは、またたく間に白いかびに覆われるが、シカのには全然かびが生えない。乾燥すると、カモシカのは黒く艶やかなままだが、シカのは表面がすぐにひび割れてくる。

野外実習の当日、学生たちが、瞬時に両者を判別する私に驚嘆したのはもちろんである。そしていまは、同じ反芻動物であるのに、糞になぜこれほどの違いが生じるのか、消化管の構造や消化腺の生理の違いを、馴染みのない専門書で調べているし、さらに、ノウサギやヤギの糞を集めて、同じ〝実験〟を繰り返している。

自然はほんとうにわからないことだらけだ。だが、それに気づきさえすれば、疑問を解いていく喜びや楽しみが、いつも味わえる。この醍醐味が私のフィールドワークを支えているといっていい。

イノシシとゾウの牙

きれいに白骨化させたけものの頭骨を、机の前に置いて、見るとはなしに眺めているのが、私は好きだ。眼窩(がんか)の位置や、脳を収めている後頭部のふくらみ具合、一つ一つの歯の大きさや形、歯の数や歯並び、下顎骨(かがくこつ)の発達程度など、頭骨のさまざまな部位の形状は、けものの種ごとの日常を色濃く反映している。しかも、それらの特徴のどれかが、ときとして、私の想像力を思い切りかき立ててくれることがある。

そのうちでも、イノシシの一本の歯ほど、驚くほど多くのことを語りかけてくれたものは、これまでにない。

イノシシは、石川県白山や宮城県西部、青森県下北など、サルの調査を継続してきた雪国では、明治の20年代から30年代にかけて、いったんは完全に消滅した。明治維新以降の、性能のいい元込銃(もとごめじゅう)による狩猟圧に、抗し切れなかったからである。

それが近年、北関東や甲信地域で数を増やしたかれらの北上が加速し、日本海側の白山には2002年に進出、太平洋側の宮城県仙台市には2003年に進出する。そして現在、北上の最前線は、秋田県の南部と岩手県の北部である。分布拡大のこれほどの速度だと、本州最北端の青森県下北に到達して、江戸時代までの旧に復するのも、もう時間の問題だろう。

このような状況もあって、仙台市に居住する私が、イノシシの頭骨を入手するのは容易だったが、一本の歯が語ってくれたのは、イノシシ北上の話ではない。

一本の歯とは、オトナのオスの、下顎の犬歯（牙）である。気分転換もあって、机の前の頭骨から、それを引き抜いてみる。真っすぐに引っ張っては抜けない。サザエなど、巻貝の中身を取り出すのと同じ要領で、犬歯のカーブに沿うように力を入れる。

下顎骨（かがくこつ）から外に出ている歯冠部（しかんぶ）より、骨に埋まっている歯根部（しこんぶ）が、2倍以上も長い。しかも、これまではっきりとは意識していなかったのだが、歯根部の先端、根尖部（こんせんぶ）は、私たち人やイヌやネコ、ライオンやトラやクマなどの犬歯のようには、石灰化していない。すなわち、歯として固くなってはおらず、ずっと伸び続けることの可能な、ネズミやリスの歯（無根歯（むこんし））と同じなのだ。それはいったい、どうしてなのか。

石川県白山でも、宮城県西部でも、もう数十回、私は野生イノシシに出会っている。土や雪をほじくる採食行動も繰り返し見ている。そのとき、そういえばイノシシは、鼻先や前足のひづめで掘っていて、下顎の犬歯を使っているのを、一度も見たことがない。

あとで、イノシシ撃ちの猟友会の人たちに聞いても、その通りだという。前方に突き出る形で、ゆるく内側にカーブしている下顎の犬歯で掘れば、やわらかくてふにゃふにゃした鼻先で掘るより、ずっと楽だと思うのに、なぜなのだろう。

ところで、猟友会の誰に聞いても、狩猟で一番怖いのは、クマではなく、イノシシだという。アマゾンでも、サル類の調査をしていたとき、現地の猟師の誰に聞いても、やはり怖いのは、ジャガーやピューマやブラジルバクではなく、イノシシに近縁のペッカリーだった（中南米にイノシシはいない）。

日本のイノシシも、アマゾンのペッカリーも、人を威嚇するときは、カチカチと激しく歯を打ち鳴らす。それは、下顎の犬歯と上顎の犬歯の摩擦音である。机の前の頭骨を、もう一度手に取って、抜いた犬歯を元に戻し、噛み合わせる。次に、速い速度で、口を開けたり閉めたりする。両方の犬歯がこすれ、威嚇のときと同様にカチカチ鳴る。

それを繰り返しているうちに、あることに気づく。上顎の犬歯は、下顎の犬歯の研石（といし）の役目を果たしているのではないか。そうすると、激しく打ち鳴らすのは、威嚇のためというよりむしろ、下顎の犬歯の両側面を、上顎の犬歯で、剃刀のようにシャープに研いでいることになる。研げば摩耗するから、ネズミやリスの歯のように、伸び続けなければならないことの説明にもなる。

イノシシに出会う。危険を察すると、脚が短いから、弾丸のように、数十メートルを全力で走って逃げるが、それ以上長距離の、全力疾走はどだい無理だ。しかし、途中にはかならず、逃げ込める場所がある。その場所は、倒木や岩の洞だったり、ササ藪などの密な藪だったりする。

そこで素早く、体を一転させる。そうすることで、背後からの襲撃を遮断する。顔面はぴたりと相手に向けられる。再び犬歯をカチカチと鳴らす。

ここまでで、もし相手が襲うことを諦めれば、一切が終了する。イノシシはまた、悠々と採食に戻る。ところが、なおも襲ってきて、生命が奪われる危険を感じたときは、イノシシは容赦しない。相手に向かって猪突猛進する。

私たちはテレビの映像で、アフリカのライオンやヒョウやチーターが、獲物を襲って倒す劇的な瞬間を何度も見させてもらっている。人の狩猟にたとえれば、ライオンは巻狩り猟、ヒョウは待伏せ猟、チーターは追跡猟という違いはあるが、いずれにせよ、最後は獲物を後方から追う形になる。

かれらのとどめは、獲物と並走状態になった直後に、獲物の首に飛びかかって、力のかぎりに、上顎の犬歯で噛みつき、あとはそのまま全体重をかける。そうすることで、上顎の犬歯が首の皮膚を貫いて深々と刺さり、頸動脈（けいどうみゃく）が切断される。一方、獲物は、全体重をかけられているから、たいていは、飛びかかられた方に横倒しになる。

ここで、もしイノシシも、アフリカの原野にすむ食肉獣の餌食（えじき）、有蹄類（ゆうているい）のシマウマやレイヨウ類、ヌー、バッファローなどのように、どこまでも走って逃げたら、どうなるだろう。長距離を走って逃げ切るのは無理なうえに、首がごく低い位置にある。捕食者が首に飛びかかるのは、ほかの有蹄類に比べたら、じつにたやすいはずだ。

ところでイノシシ類は、有蹄類の進化のごく早い段階で、ほかのすべての有蹄類と袂を分かったと考えられている。その通りだと思う。おそらく、食物をめぐって、採食場所を地面より上と地面より下とに、最初の段階で両者はすみわけたに違いない。そして、地面より上にすみわけた方は、多様な食物（草本類や低木類）がふんだんにあるから、それらの植物の種類や部位を、すみわけの一つ、食いわけることで、以後の進化の過程で、たくさんの種を誕生させた。

一方、地面より下には、幾通りもの食いわけが可能なほど、食物の種類はない。すなわち、食いわけによって新たな種を誕生させるほど余裕がない。このことが、世界中で、どの地域をとっても、イノシシ類は1種しか生息せず、アフリカではサバンナと疎開林と森林に1種ずつ、アマゾン熱帯雨林では、地上性の哺乳類が少ないせいもあってだろうが、どこのイノシシとも生態や行動をほぼ同じくするクビワペッカリーと、１００頭を超す大集団で暮らすクチジロペッカリーとが、生活のありようを変えることですみわけ、辛うじて2種が同所的に生息できているにすぎない。

いずれにせよ、地面より下の食物を求める以上、口は低い位置にあるに越したことはない。そのためには、できるだけ足を短くするのが手っ取り早い方法だ。だが、そうすれば、先に述べたように、捕食者の攻撃を防ぐのにきわめて不利になる。簡単に首に飛びかかられてしまうからだ。イノシシの祖先は、この矛盾をどう解決したのだろう。

イノシシは土の中のミミズや、朽木の中の昆虫の幼虫、地上を這うヘビなども好んで食べるから、完全な草食獣とはいえないが、その鋭い牙は、獲物を襲って食べるためのものでないことは明白である。

ところで哺乳類は、メスが妊娠することで子孫を増やす。したがって、どの哺乳類も、腹側の皮膚はやわらかく、伸び縮みし、背中側に比べて毛も少ないし短い。見知らぬネコ2頭が面と向かったとき、弱い方がひっくり返って相手に腹を見せ、無防備であることを示すことで、従順の意を表わす行動はよく知られている。

そういうことだ。イノシシは、追い詰められると、かならず捕食者に面と向かう。しかも、いざとなれば、相手に猪突猛進して、相手の前足の間から頭を突っ込み、相手の腹めがけて下顎の犬歯を突き立てながら、頭を上方に持ち上げる。そうされたら、どんな獰猛な捕食者といえど、ひとたまりもないだろう。腹部が切り裂かれてしまうからである。イノシシ猟では、猟犬を使った巻狩りがよく行われるが、イノシシを追った猟犬が、殺されたり大怪我を負うことがよくあるのも、うなずける。

イノシシはいたって神経質で、平和な生きものである。鋭い牙は、かれらの日常では、けっして使われることがない。だが、平和な日常を侵害する捕食者が現われ、生命を狙われたら、そのときだけは容赦しない。その、たった一瞬においてのみ、研ぎに研いだ牙を使う。いってみれば、牙は、イノシシにとっての、種の矜持にかかわる類のものではないだろうか。

机の前に置いたイノシシの頭骨の、たった一本の歯、下顎の犬歯（牙）は、私にこれほどのことを語ってくれた。それでも、その語りはまだ終わらない。

イノシシの牙がゾウの牙へと飛ぶ。ゾウの牙も、イノシシの牙と同じで、歯根部の先（根尖部）は石灰化していない。すなわち、ライオンやヒョウなどの牙と違って、伸び続けるのだ。

百獣の王ライオンの牙が、古代ローマやギリシャの時代から今日までの、あらゆる文明の中で、女性のネックレスの一部になったことはあっても、ほとんど珍重されることがなかった。一方、ゾウの牙、象牙が、今日もまだ超高値で闇取引されている理由は、象牙の歯根部がまだ完全に石灰化してなくてやわらかいために、人がさまざまな彫刻を施せるからに違いない。

では、ゾウの牙は、イノシシの牙と同じく、なぜに伸び続けなければならないのか。ゾウはイノシシほど頻繁に牙研ぎしないから、そんなにはすり減らない。しかも、本来温和な動物であり、陸生哺乳類最大の巨体ゆえに、餌食にもなりにくいのに。

とはいっても、ライオンは集団で狩りをするから、成獣といえど襲われない保障はない。幼獣が狙われることはしばしばだろう。そのときゾウはどう対処するのか。ゾウはイノシシと同様、襲う捕食者に対しては、きまって真正面を向く。そして、実際に飛びかかって来れば、長い牙の尖った先端を、捕食者の前足の間、ないし相手が横を向けば前足と後ろ足の間に突っ込み、相手の腹部に突き立てながら、怪力で放り投げる。

腹部を狙うのは、イノシシと同じ理由である。ただ、思い切り放り投げるには、当たり前のことだが、イノシシとは違って、上顎の犬歯でなければならず、しかも牙の全体は、上方に弧を描いていなければならない。

アフリカでは、ゾウの捕食者はライオン以外には考えられない。襲うライオンは間違いなく成獣だ。そうすると、地面からライオンの腹部までの距離は、ほぼ一定している。したがって、ゾウの牙の先端は、いつもその高さになっていることが必要だ。一方で、ゾウの背丈は、成長に伴ってどんどん高くなるから、背丈の伸びに合わせて牙を伸ばし、地面からライオンの腹部までの、一定した距離を保っているのではないだろうか。

そして、イノシシの下顎の牙と同様、ゾウは上顎の牙を、それ以外のために使うという話を、寡聞にして知らない。ゾウの牙も、イノシシの牙と同じく、進化におけるゾウという動物の、種の誇りに関わるものなのかもしれない。

そういえば、石川県白山で最初に見た「首なしカモシカ」と同様、ゾウもまた、首がないよな。

机の前の、イノシシの一本の犬歯は、私に語りたいことを、まだたくさん持っているようだ。だが、語らせておけば、机の上の仕事は一向に片づかない。いったんイノシシの犬歯を頭骨の所定の位置に戻して、急を要する仕事に戻ることにしよう。

それにしても、たった一本の犬歯ですら、私を、急ぎの仕事そっちのけで、これほどまでに夢中にさせる存在なのである。ほんとうに自然には、どこにでも、面白いことが山ほど転がっているものだ。

短足の効用

動物が新しい環境に進出したとき、体つきのあるものが、そこで生きるために思わぬ効果を発揮するといったことが、長い進化の時間幅の中では、おそらく、いくつもあったに違いない。それは、環境への適応とは違うから、多くの生物学者がこれまで一顧だにしてこなかっただけである。そんなことをほうふつとさせる出来事が、石川県白山での冬場、イノシシで続けて観察された。

6年前（2009年）の冬は、何年ぶりかの大雪だった。例年通り、2月にサルの調査で入った私は、雪崩の落ちた跡で、カモシカの親子の死体を見つけた。

それとは別の場所、大きな谷川の、傾斜がゆるやかになった所に、堰堤（えんてい）が100メートルほどの間隔で二つ設置されている。その中程で、2頭のオトナのイノシシが、水に半分浸かった状態で死んでいるのも発見した。

二つの堰堤の両岸は、全体の3分の1が、高さ1メートルほどの、垂直なコンクリートの壁、3分の2が石組の、やはり垂直で、同じ高さの壁になっている。死んだイノシシは、草の地下茎や球根などを探して、近くまでやって来て、うっかり、岸から川に向かって張り出した雪庇に体重をかけてしまい、川に転落したのだろう。

落ちてから、かれらは登り口を必死に探したに違いない。だが、短すぎる足と貧弱な跳躍力では、川岸の垂直な壁はいかんともしがたい。石組の隙間に後ろ足のひづめを掛けてよじ登ろうにも、平坦地を疾駆するための足首やひづめは、カモシカの柔軟なそれらのようには機能しない。だから、どうもがいても、餓死はまぬがれなかったわけだ。

落ちたのがもしカモシカなら、切り立った岩場登りの要領で、後ろ足のひづめを1回か2回、石組の隙間に掛けるだけでやすやすと、ひづめを掛ける所のないコンクリートの壁でも、ジャンプ一番、簡単に脱出できただろう。やはりイノシシの、寸胴で重い体と、短い足と、踏ん張れないひづめや副蹄は、カモシカと違って、このような雪の中では命取りになるなと、死体を見ながら私は思った。

ところが、一昨年と昨年（２０１４年）の冬、イノシシとカモシカで、これとは正反対の観察がなされた。石川県白山は国立公園に指定されているから、指定地域内では、特別の許可がないと狩猟できない。私がサルの調査をしている白山の北部、尾添川流域も、上流域が公園内で、多くのイノシシがそこへ逃げ込んでいる。石川県は国立公園内に、一般市民向けの自然観察舎を設けている。そして、冬期間を通して、職員が2名常駐し、来訪者へ自然のガイドを行っている。

観察舎からは、尾添川対岸の、大きくて急峻な斜面が一望できる。観察舎のちょうど向かいには、普段でも水の流れのない谷が、真一文字に尾添川の川面に突き刺さる形で、縦に走っている。当然その谷は、雪崩道になっているから、表層雪崩（あわ）や底雪崩が頻繁に起きる。

一昨年の冬、イノシシの母親と4頭のコドモが、その谷を横切っている最中に、底雪崩が発生し、コドモ2頭が逃げ遅れて巻き込まれた。かなり規模の大きな雪崩だったので、それを見ていた職員は、2頭は間違いなく死んだと思ったという。

それが、20、30秒が経って、雪崩が落ちて積もった雪の中から、小さな前足がちょこっと出てくる。すぐ続いて、鼻面が顔を出す。そのあとは一気に体全体がもっこり出てくる。さらに数秒後には、もう1頭も無事姿を現わし、落ちた雪崩で積もったごつごつした雪面を器用に歩いて、母親の元に戻っていったという。

訪問客が撮ったという、そのときの連続写真を見せてもらって、私は感動を覚えながらも、カモシカとの違いに思いを馳せざるをえなかった。

カモシカが雪崩に巻き込まれた現場を、私はこれまでに二度見ている。いずれも、巻き込まれる瞬間、足で踏ん張ったり、もがいたりして、必死にのがれようとする。したがって、前足も後ろ足も突っ張った状態、ないし、ばらばらの方向を向いた状態で巻き込まれることになる。そうなったら、長くてきゃしゃな足を、氷のように固い、雪崩れて積もった雪の中では、動かしようがない。また、たとえ少々動かせても、それで、雪に埋もれた体が動くことなど、けっしてない。

長い足を、休息時のように折りたたまずに、伸ばした状態のままだから、雪崩に巻き込まれた際、骨折することも多いだろう。

その点、イノシシは雪崩が落ちて来た瞬間、逃げようと、短すぎる足で横に走るだけだ。だから、足が胴体にほぼくっついた状態のまま、横向きにごろごろ転がりながら、雪崩に呑み込まれていく。訪問客の連続写真からは、その様子がよくわかる。

谷底で雪崩は止まる。止まって積もった雪の中で、イノシシは、胴体にくっついた状態の短い足のひづめを、引っかくように動かせば、なんとか雪が削れる。また鼻先は、普段から地面を掘るのに使っているから、同様に、少々固い雪でも、なんとかなるのだろう。そして、実際に2頭ともが、脱出に成功したのだ。

かつて、白山でサルの冬期調査を始めたとき、私は地元の猟師に、スプーン（金属製の大匙）だけはかならず携帯し、首にさげておくか、いつなんどきでも簡単に取り出せるようにしておけと、しつこいほどの忠告を受けた。雪崩に巻き込まれて雪に埋まっても、そのスプーンで少しずつ固い雪を削っていって、脱出に成功した人が、これまで何人もいるという。

現在にいたるまで、幸いにもスプーンの厄介になったことはないが、イノシシの、先が尖って、かつ、固くて丈夫なひづめは、それこそ、雪の中から脱出するための、かれらの〝スプーン〟だといえる。

昨年には、自然観察舎の同じ職員が、イノシシの別の出来事を目の当たりにしている。前年、コドモが雪崩に巻き込まれたと同じ、対岸、真正面の谷でのことだ。

雪崩の落ちた数日後で、厳しい寒さと粉雪の舞う昼過ぎ、中柄のイノシシが単独で、かちかちに凍り、その上に新雪がうっすらと積もった、雪崩跡の雪面を横切る。だが途中で脚を滑らせてしまう。そのイノシシは、雪崩に巻き込まれたイノシシと同じく、横向きにごろごろと、どんどんスピードを上げながら転げ落ち、谷底の、こんもり積もった、雪崩で運ばれた雪の上に乗り上げて止まる。

止まったイノシシは、横向きに寝ころんだ姿勢のまま、数秒じっとして動かなかったが、やおら、むっくりと起き上がり、あたりをきょろきょろしたあと、河原伝いに上流へ向かって、とことこと姿を消したという。

一方で私は、凍てついた急傾斜の雪面に足を取られたせいかどうかは定かでないが、前足のどちらかを骨折しているカモシカを、これまでの調査で3頭見ている。かれらのいずれもは、雪の積もった平坦地ならなんとか歩けるが、そこにはもちろん、かれらの食物はない。食物がある岩場や雪崩跡の急斜面には登っていけない。そのせいで、がりがりにやせ細っていた。

イノシシの寸胴で重い体と超短足は、人の想像をみごとに裏切って、堰堤や川岸のコンクリートや石垣の壁のような、人工の建造物さえなければ、豪雪地の危険に対しては、じつに有効に働くといえるだろう。

いまイノシシは、私にとってはサルと同じく、たくさんのことを考えさせてくれ、想像させてくれる、雪山の得がたい存在になっている。

「壁」の上のカモシカ

上：動かざること岩の如し。夏姿で凛と立つ
右：猛吹雪を苦にしない子どものカモシカ

上：里山のクリに執着、バキバキと枝を折り食べに食べた

ツキノワグマのクマ棚と皮剥ぎ

下：スギの樹皮を剥ぐ。春先によく見られるが、謎の行動だ
左：どきっ、クマと目が合った

「首なしカモシカ」? イノシシ

下：凶暴だといわれるが、こんな一面も

下：顔が異常にでかい。きっと重いだろうに

上：身構えると迫力がある。こんな事態は私に責任がある

下：ムササビ　闇の中の滑空　　上：キツネ　海岸線でお昼寝

けものたち

アナグマ　ごめんね。居眠り中、起こしてしまった

エゾジカ　初夏の森、可愛らしさはササ薮に消えた

ホンドタヌキ　身を寄せ合う２頭

下：ニホンウサギコウモリ　暗闇の住人

下：ノウサギ　私の接近に身を隠す

下：ヒメネズミ　俊敏さに舌を巻く

第6章

生きものたちの世界

カワセミのしたたかさ

予期せぬ場所で、馴染みの鳥に出会って、びっくりさせられることがある。本来、渓流をすみかとするカワセミとの、思わぬ出会いのいくつかも、いまだ記憶に新しい。

9月6日から7日（2007年）にかけて、台風9号が関東に上陸し、東北地方を駆け抜けていった。仙台市は直撃こそまぬがれたが、大量の雨が降り、翌日、市内を流れる広瀬川や名取川は、濁流が溢れんばかりに渦巻き、轟音を発していた。

広瀬川の支流、大倉川左岸の丘陵部に、こぢんまりした池がある。この池は、市内では珍しくなったチョウトンボの数少ない繁殖地だ。私は夏場、仙台市西部でサルの調査をするとき、寄り道してはよく訪れていたが、台風通過の翌日も立ち寄った。

木々に囲まれた池の水は、豪雨直後にもかかわらず澄んでいて、水量も思ったほど増えていない。私はそこで、台風一過の強い陽光を浴びて、水面ぎりぎりを真一文字に飛ぶカワセミを見た。背中のエメラルドグリーンが神秘的に輝く。

この池にはタナゴやホトケドジョウ、ギバチなどの小魚がすむ。かつて、5年ほどトンボの調査を行ったが、サル調査の寄り道のときと同様、この池でカワセミを一度も見ていない。きっと、大倉川の渓流がひどく濁って、魚を捕まえるのが困難になったため、ごく一時的な代替地として、ここにやって来たに違いない。

同じ日、大倉川の最深部にある集落でも見た。カワセミは、民家のすぐ脇、コナラの大木が覆いかぶさった溜池にいた。水草が繁茂し、水中になにがいるかはわからなかったが、薄暗い中、カワセミの背中は深いダークブルーで、池の暗さに溶け込んでいた。

数年前には、名取川の上流にある大きなダム湖、釜房(かまふさ)湖のすぐ近くの田んぼにいた。カワセミは、田んぼの脇にある木の枝から、幅50センチメートルほどの、細い用水路に繰り返し飛び込んでは、オタマジャクシを捕えていた。やはり、集中豪雨を伴った台風通過の直後だった。

もっと以前には、宮城県金華山の、太平洋に面した東側の磯で見た。昼下がりのことだ。カワセミは、切り立った崖の途中にある低木の枝から、潮が引いたあとのタイドプール（潮だまり）に、繰り返し飛び込んでいた。そして2回、ハゼを捕まえたあと、ひと息ついて、大海原へと飛び去った。そのとき私は、このカワセミだけは「ウミセミ」と呼びたい思いにかられたものだ。

金華山には長年、ほとんど毎月訪れてサルの調査をしているが、「ウミセミ」を見たのは、あとにも先にもこの一度きりである。金華山の鳥類相に関するいくつもの報告書にも、カワセミの記載はない。

「ウミセミ」を見た数年後、水鳥の調査で仙台市東部の蒲生(がもう)海岸にしばらく通ったことがある。そこでは、蒲生干潟や七北田(ななきた)川の汽水域をすみかとするカワセミのつがいを、訪れるたびに観察できた。ということは、カワセミは渓流だけでなく、海水に潜っても普通に捕食できるわけで、金華山で見た「ウミセミ」は、そんなに珍しいことではないかもしれない。

いずれにしても、スズメほどの大きさの可憐な小鳥との、このような予期せぬ出会いの数々は、生きものが潜在的に持つ、信じがたいほどの柔軟性を教えてくれた。

ハヤブサに魅せられて

ハヤブサの野生の姿を、宮城県金華山ほど観察しやすい場所を、私は知らない。猛禽類はおしなべて警戒心が強い。たとえば、営巣中のところを近くから不躾に観察すると、簡単に巣を放棄してしまうのは一般常識のうちだ。だから、猛禽類の研究者やプロのカメラマン、テレビの撮影隊は、かれらに気づかれないように、少し離れた所にブラインドを張り、その中に身を隠して、調査や撮影を行う。

私は猛禽類を専門に調査しようなどとは、これまで一度も思ったことがないし、サル調査のついでに出会えれば幸い、といった程度である。ただ金華山は、三陸リアス式海岸の南端にあり、島のぐるりのほとんどが切り立った崖だから、ハヤブサは営巣を含めて生活しやすいのだろうが、いつ訪れても出会える。しかも、島の南部をすみかとするハヤブサは、私をほとんど警戒しない。そんなことで、断片的ながら、興味深い生態や行動を、これまでいくつも見させてもらった。

島の北西部、牡鹿(おじか)半島が正面に見える斜面の中腹に、黄金山(こがねやま)神社の立派な社屋がある。内陸でもそうだが、社の屋根はドバト類の格好の休憩地だ。数羽が群れて、半島側から社屋によく飛来する。そして、島の上空を飛んでは餌を探す。

島のハヤブサの一番の好物は、このドバトである。かれらは真っすぐ飛ぶ習性があるから、同様に真っすぐ飛んで、空中で獲物を狩るハヤブサにとって、これほど捕まえやすい鳥はいないだろう。両者の直線的な飛翔には、速さに雲泥の差があるからだ。小鳥と違って、身入りも十分である。営巣期になると、営巣場所から半径３００メートルほどの範囲のあちこちに、１羽分のドバトの羽毛の散乱が、いくつも見つかる。

かつての一時期、私は神社のユースホステルを調査基地として使わせてもらっていた。そのときはいつも、その後は営林署の作業員宿舎を借用して基地にしているが、そうしてからは、神社方面に調査にいくたびに、屋根の上にいるドバトの数を数えたものだ。その数は、これまでで最高が8羽と少ないが、数が増えると捕まえやすくなるから、当然なのかもしれない。

新緑の4月に一度、ドバトが目の前にドサッと落ちて来たことがある。次の瞬間、ハヤブサが私の頭上をビューとかすめ飛ぶ。ドバトは生きていたが、体を調べると、食道が首のほぼ中央、素嚢（そのう）のあるすぐ上で真横に切断されていた。もし私がいなかったら、ハヤブサはそこで、このドバトを解体しただろうか。

秋が深まりつつある11月末のことだ。北から南へ渡っていくオオワシやオジロワシは、毎年この時期、島で1週間ほど休んでいく。私は昼下がりに東海岸の磯に下り、一服していた。60メートルほど離れた所の、崖の上のモミの大木に、オオワシがいる。

木に止まっている姿は、大空を悠然と舞う勇壮な姿に反比例して、なんとも不恰好に見える。黄色い大きなくちばしも、黒い不釣合に大きな頭も、短い首も、どう見てもバランスを欠いている。尾が、たたんだ翼の先から、ちょっとしか出ていないのもいただけない。

双眼鏡で眺めながら、そんなことを独りごちていたとき、突然翼を広げ、モミのてっぺんの枝を蹴るようにして飛び立つ。目で追う。オオワシはいつもと違って舞い上がらずに、一直線に森へと向かい、４００メートルほど先で樹海に突っ込む。いったいどうしたというのだ。

その直後、オオワシが突っ込んだと同じ場所から、ハヤブサが現われ、そのまま大海原へ一直線に飛び去る。場所は見当がつく。脇に置いたナップザックを肩に戻し、急いでそこに向かう。

10分もかからずに、近くまで来る。と、前方20メートルほどの所から、オオワシが、よいしょっといわんばかりに大きな羽音を立て、重々しく飛び立つ。その場所へ急ぐ。そこにはノスリが横たわっていた。腹部の羽毛が一部むしり取られ、腸の一部が引きずり出された程度だ。胸部を手で触ると、まだ温かい。

しまった。磯でオオワシに愚痴をこぼしていたのが祟ったのか。双眼鏡には入らない、私の頭上か背後で、ハヤブサがノスリを捕まえる瞬間を、残念なことに見損なってしまった。

ハヤブサの営巣期に、これまで2回、ノスリの羽毛の散乱を見ていたから、予想はしていたが、それらもやはり、ハヤブサの仕業だったのだ。ハヤブサの営巣地のすぐ近くで、左の翼を痛めて飛び上がれないハイタカを見たこともある。サルの群れを追っている最中だったからどうしようもなく、そのまま放置したが、これもハヤブサの仕業である可能性が高い。

最近の10年間では2回、営巣期にドバトの姿を全く見かけない年があった。そして、その年にはきまって、いつもならドバトの羽毛の散乱が見られる一帯で、カラスの羽毛の散乱を目撃した。いい獲物がないと、島に多いカラスさえ、ハヤブサは襲って食べているのだ。

そういえば、島で、オオワシやオジロワシ、トビやノスリやミサゴが、ハシブトガラスの1羽から3羽に、上空でしつこく追い回されているのをたびたび見ているのに、カラスがハヤブサを追いかけるのは、これまで一度も見ていない。

一昨年（２０１３年）３月末のことである。私は金華山灯台のある一帯で、次々に、繁殖期に特徴的な行動を、間近で観察できた。

最初は、灯台の４００メートルほど北の、磯でのことだ。ハヤブサが真っ赤な血の色をしたかたまりを脚につかんで、巣のある絶壁へと向かい、その近くで小さく弧を描く。と、絶壁からもう1羽が現われ、両者はもつれるように飛びながら、獲物の受け渡しをした。貴重な現場を見せてもらったな。私はスキップを踏みたくなるほどの気分になり、サルの群れを探して、さらに南へ向かう。

海岸道路を10分ほど歩いて、灯台の近くまで来る。海岸に向かって突き出た小さい尾根があり、先端に、マツ枯れしたクロマツが突っ立つ。その太い横枝の付け根近くに、ハヤブサが1羽いて、同じ横枝の2メートルほど先に、もう1羽が止まっている。つがいなのだろうなと、2羽を左手に眺めながら歩を進めていると、枝先の方の1羽が、キチキチキチと鳴いて飛び立つ。もう1羽は幹の方へ体を寄せる。飛び立った1羽がすぐに戻って、背後からかぶさり、片脚の爪を幹に立て、少し羽ばたきしながら、ほぼ垂直の姿勢で交尾した。

信じがたい。獲物の空中受け渡しのすぐあとに、別のつがいの交尾まで見られるとは。2羽の、ほぼ垂直に近い姿勢での交尾が、ひどく印象的だった。足取りはさらに軽やかになる。こんな贅沢を、続けて味わわせてもらっていいのだろうか。

太平洋の大海原を左手に見ながら、さらに海岸道路を歩いた先、道はもう島の西側に回り込んでいるが、そこにも、海に面して絶壁状になったところがある。そこの海上で、2羽のハヤブサのおそらく両方ともが、キチキチキチとしきりに鋭い声を発しながら、もつれるように舞い上がっては、海面目がけての急降下を繰り返す。これはきっと、つがい形成の儀式なのだろう。

なんというハヤブサ・デーのことか。3組のハヤブサに、もし逆の順番で出会っていたら、つがい形成から交尾、営巣後の餌の受け渡しと、時系列に沿う形で観察できたことになる。

しかも、そこから海岸道路をさらに15分余り歩いた所に、目的の群れが、道路の両側に広がってくつろいでいるではないか。開けたこの場所だと、見通しがよく、観察しやすいので助かる。

私はこれまで、アマゾン熱帯雨林の只中に設けた調査地でも、石川県白山や青森県下北の調査地でも、さまざまな幸運に恵まれてきたが、この日のハヤブサもその一つである。

クマタカがサルを襲うとき

ずっと抱いていた疑問が、ある観察で、すっきり解決することは意外と多いものだ。クマタカがサルを襲うという話も、その一つである。

1970年代初頭、石川県白山でサルの調査を本格的に始めて4年目のこと。雪深い酷寒の1月に、仲間と連日群れを追っていた。当時は、5群いるうちの1群が観光用に餌づけされていて、人にも馴れ、仲間はその日、その群れの移動について歩いていた。

昼を少し過ぎた頃だという。垂れ込めていた鉛色の雪雲が東へ流れて、晴れ間がのぞく。群れの70頭ほどのサルが3、4列の行列をなして、大きな堰堤のある所より50メートルほど上流を、足早に、右岸から左岸へ渡り始める。

そこは、広々とした、幅40メートルほどの平らな雪原になっている。谷の流れは、堰堤によって堆積した土砂の下に潜り、地上には出ていない。冬場、餌づけ群がこの谷を横切る際、よく使う地点だ。

アカンボウを含む群れの多くのサルが、雪原のほぼ中央を通過しつつあった。そのとき、右岸斜面から観察している仲間の背後、上空低くからクマタカが現われ、群れに突っ込む。ほんの一瞬の出来事だったが、クマタカはサルを捕まえられずに、そのまま上流へ飛び去ったという。

しばらくあと、鳥類の専門誌で、ひなをかえしたあとの放棄された巣を調べた研究者が、残存物の中に子ザルの骨を見つけたという報告にも接した。

やはりクマタカは、獲物としてサルを実際に襲うのだ。ところが私は、毎年、白山でのサルの冬期調査中、2日に一度ほどの割でクマタカを見ているし、天気のいい日なら、長くても小一時間待てば、かならず見られる場所も知っている。40、50頭のサルの群れがあたりに広がって採食や休息中、近くの樹上にクマタカの姿があることも、けっして珍しくない。

そのようなとき、なにかを集中して観察する必要がなければ、私はサルを見て、クマタカを見て、またサルを見ることを、何回も繰り返すのが常である。これまでの調査で、そうしたのは30回以上にのぼる。

それらすべてのときで、サルがクマタカを警戒する行動や身を隠す行動を、一方で、クマタカが首をやや突き出し気味に、鋭い目線をサルに集中する行動を、一度たりとも見ていない。両者とも、いつも、ごく平然としていた。クマタカが木のてっぺんから飛び立ち、群れの上空を真っすぐ飛んでも、何回か弧を描いて旋回しても、サルの態度は変わらない。

白山のほか、青森県下北や宮城県西部でのサル調査時にも、白山と同様、クマタカをしばしば見かけるし、群れのすぐ近くにクマタカがいることも、これまでに幾度もあった。それらいずれの場合も、白山と変わったことは観察されていない。

私は、自分が見ていないサルを襲うクマタカと、繰り返し見ているサルを襲わないクマタカとのギャップを、長いこと埋められないでいた。それがやっと、今冬（2015年）の白山で、解消される機会が訪れる。

その朝は、前々日の午後から前日丸一日続いた吹雪が嘘のように、海の色よりも濃い、雲ひとつない紺碧の空が広がっていた。尾根も急斜面も谷も、雪崩跡も河原も平坦な河岸段丘も、見渡す一帯が純白に塗り潰されている。サルの観察条件としては最高だ。

私は今回も、白山の北部、尾添(おぞ)川流域にいる12群について、群れごとのサルの頭数やアカンボウの数、行動圏などを調査していたが、その日は、大学教員時代の卒業生と、まだ調べ終わっていない残りの1群を、早朝から追っていた。

群れは、前々日の雪の降り始めた午後、尾添川を挟んで、道路やスキー場のある側とはちょうど対岸の、大きな絶壁状になった岩場に向かって移動していた。きっと前日は、その岩場の、風の当たらない東向きの岩棚で、みなが団子状態で抱き合って、吹雪をやり過ごしたに違いない。

岩場とは反対、私がいま座っている左岸側の30、40メートル先に、尾添川に合流する小さいが深く切れ込んだ谷がある。その中に調査済みの別の群れがいて、ふわふわの新雪が積もっているせいだろうが、かれらは雪庇(せっぴ)の下から出ようとしない。

岩場が一望できる斜面の、1メートルほどの新雪を、なんとか足で踏み固め、雪の中に身が埋まる状態で、サルが動き出すのをひたすら待つ。谷を吹き上がる風の、肌を刺す冷たさは、こうしていれば幾分避けられる。10時を過ぎて、こちら側のサルが、てんでに木に登り、冬芽や樹皮を食べ始める。対岸、岩場にいるサルにも動きが見られる。何頭かは、雪のない岩の隙間に手を突っ込み、なにかをほじくり出している。

このときまでに、すでに2回、クマタカが尾添川に沿って、滑空するように往き来した。そして、いままた、私のすぐ下流側にあるスギ林の、突き出て高い木のてっぺんに止まっている。あたりをきょろきょろと見回してはいない。

クマタカと、小さい谷の樹上にいるサルとは、私を挟んで、距離にして50メートルほどだろうか。採食中のかれらからクマタカは丸見えのはずだが、誰も気にする様子はない。アカンボウが3頭、梢近くで遊び始める。

11時少し前、岩場の群れが下流に向かって移動を開始する。岩場の尽きる先の、私からは正面やや左手に見える斜面には、逆三角形をした大きな雪原がある。このまま移動してくれれば、その雪原の、逆三角形の中央部、傾斜がゆるやかになっている所を全員が通過するはずだ。そこをカウント地点にする。

11時半を過ぎ、すでに7頭が、雪原をほぼ水平に歩いて、通過していった。だが、残念ながら、移動の開始時間が遅すぎた。私はその日の午後、これまでずっと、白山での調査を物心両面で支えてくれた石川県小松(こまつ)市のボランティア団体「自然塾(じねんじゅく)」から、講演を頼まれているのだ。

別の位置から観察中の卒業生に、携帯電話で連絡する。そして、私がいま座っている所から、対岸を下流に向かう群れの、カウントの続きを頼む。

小松市での講演と親睦会を終え、調査基地の宿舎に戻ったのは、夜の10時過ぎである。興奮冷めやらぬ風情の卒業生の、満面の笑みに迎えられる。なんと、広い雪原を、一列のみごとな行列で移動中の群れに、私の観察中から近くにいたクマタカが突っ込み、アカンボウを1頭、わしづかみにして飛び去ったという。

その直前、5頭のアカンボウが一団となって、雪原を小走りに渡り切っていて、遅れた1頭が母親の背中から降り、5頭を追うように歩き始めたところだったという。

クマタカの眼力は信じがたい。私は前々日の午前中に、この群れには、昨春生まれたアカンボウが6頭いることを確認していた。そのうち1頭は成長が悪く、残り5頭より体がひと回り小さい。動きもやや緩慢で、5頭は雪まみれになって遊び呆けているのに、そのアカンボウは、5頭の遊びにときどきしか加わらず、あとは母親にべったりだった。

クマタカはそれを見抜いていたに違いない。そのアカンボウが標的になったのだ。また、母親から離れた瞬間を、確実にとらえて、樹上から飛び立ったのも確かだろう。

それはともかく、私の疑問が解消したのは、こういうことだ。サルが樹上にいるとする。それを、小回りのきかないクマタカが襲ったら、どうなるか。獲物が動かぬ一瞬の隙をついて、猛スピードで突進するはずだから、たとえ獲物を捕まえたとしても、同時にか、直後にか、木の枝々にぶつかるのがおちだ。下手をしたら、翼を折って飛べなくなる。

サルが岩場や急峻な斜面の、地面にいるとする。そのときはどうなるか。やはりクマタカは、運良く捕まえたとしても、それらに激突するだろう。クマタカが突進し、サルをわしづかみにしたあと、そのままの速度で急上昇に移れるのは、すぐ前方に木や岩などの障害物がなく、開けていて、かつ、前方が平らか、せいぜいゆるやかな登りでなければならない。

一方、捕まえると同時に、着地したらどうだろう。クマタカが襲えるのは、サルの年齢ごとの体力や反撃能力からして、アカンボウか1歳の小さなコドモのはずだ。2歳以上になると、手も足も、ものをつかむ力が強く、反応も俊敏だから、片方でも翼をつかまれたら、クマタカは飛び立てなくなる。

では、アカンボウか1歳子を襲って着地したとしよう。そうすると、すぐ近くには、母親をはじめオトナが何頭かいるのが常だから、かれらはいっせいにクマタカに飛びかかるだろう。気がめっぽう強いサルのことだから、ひるむオトナなどいるはずがない。そして、オトナの鋭い犬歯で嚙みつかれたら、クマタカは大怪我を負うこと必定だし、翼をやられたら飛び立てないから、あとは死を待つだけになる。だからクマタカは、捕まえた瞬間に着地するという狩猟方法を、群れで生活するサルには実行できないはずだ。

なんでこんな簡単なことが、長いことわからなかったのか。鍛えたつもりでいた観察力の、まだまだ未熟であることが、疑問がやっと解けて、してやったりという気分以上に、私を忸怩たる思いにさせた。

夜の山道

歩き慣れた山道を、夜、懐中電灯を灯さずに、調査小屋まで帰るのが、私は好きだ。季節を問わず、夜道は、疲れて鈍った五感を、感傷という淡い彩りを添えて、覚醒させてくれるからだ。

ときに、近くで、闇を震わすフクロウの野太い声を聞く。ヨタカのたたみかけるような激しい声を聞く。遠くで、哀愁を帯びて長く尾を引く、オスジカの恋鳴きを聞く。

宮城県金華山の、寒波が押し寄せた11月末（２００６年）の日暮れどきだった。北斜面では、前夜の霜柱が、そのまま融けずに立っている。急坂を慎重に下るが、案の定、足を滑らせ、尻もちをつく。勢いがついていて、太い朽木を蹴飛ばしてしまう。その崩れた朽木の中で、橙色を帯びた光が二つ、小さく明滅する。夏に舞うゲンジボタルやヒメボタルに比べたら、ごく弱々しい光なのに、肌を刺す夜風に身を凍らせていたせいもあってだろうが、目にした瞬間は熾火（おきび）の輝きに見えた。オオオバボタルの越冬中の幼虫である。

石川県白山には、北部の尾添（おぞ）川流域を中心に、毎年2月にサルの調査にいっているが、積雪は月や星の光をとらえて驚くほど明るく、かんじきさえつけていれば、夜道を歩くのになんの苦労もない。

その日は、離れた水系に調査に行き、尾添川の一番上流の集落に帰り着いたのは、陽が落ちたあとだった。調査小屋は、ここから尾添川を詰めてひと山越え、さらに大きな支流をさかのぼった先に、ぽつんとある。雪が締まっていれば、4時間ほどの行程だ。

集落の顔馴みの古老宅に立ち寄る。テレビには、南国でのプロ野球のキャンプ風景が映し出されていた。燗酒を湯飲み茶わんで御馳走になりながら、いっとき、サルやカモシカの近況を談笑する。

古老宅を出て、皓々たる夜間照明のスキー場の脇を通り、山道に入る。歩き始めて40分、そこだけ尾添川の河原が広くなっている。先ほどのスキー場の照明は、垂れ込めた背後の雪雲を、ほんのり紅く染めている。一方、これから向かう谷の源流部を覆う同じ雲は、恐ろしくどす黒い。

その、明と暗の境を通過したとき、唐突に、宮沢賢治の童話『祭りの晩』が思い出される。あの祭りの晩、山男は、雑踏の中の掛茶屋で団子を2串食べた。お金を持たない彼は、周囲のみなから、ただ食いを責められる。そこを、居合わせた亮二少年が救う。山男はそのあと、山奥の我が家に向かって、いま私が見ていると同じ心象風景の中を、いまの私の、酒による体のほてりでなく、少年のやさしさによる心の温もりを抱きながら、ただ黙々と歩いていたに違いない。

さらに歩いて、ゴウと風の唸る、黒い雪雲の中に入る。ずっとずっと昔、縄文人と弥生人は、山と里とにすみわけていた。そして、歩きながら私は、縄文人の古里へ歩を進めているという、妙に誇らしげな錯覚にとらわれていた。

夜はじつに不思議な世界だ。

ケセランパサランという不思議な虫

疑問が解消されないと、頭の片隅にわだかまりがずっと残る。しかし、そういった疑問は正攻法ではどうにもならず、えてして、突拍子もないちょっとしたことがきっかけで、解決することがある。ケセランパサランという虫の正体もそうだ。

私が仙台市にある大学に赴任したのは1981年である。それまでの生活圏は東京以西だが、サルの調査で、東北地方の各地をけっこう旅していた。それなのに、仙台に来るまで、その名前すら耳にしたことがなかった。

小学生の頃は、人並みの昆虫少年だった。もし、名前からしてけったいなこの虫のことを聞いていれば、なんとかして捕まえようと意地になったことだろう。

万が一と思い、分厚い昆虫図鑑を調べるが、当然のこと、どの本にも載っていない。その後、暇をみては、関係ありそうな本を漁り、サルの調査ついでに地元の古老たちから聞き取り調査をした。

1年ほどが過ぎる。わかったのは、次のようなことだ。ケセランパサランは綿のようなふわふわした白い小さな生きもので、白粉(おしろい)だけを食べる。だから、化粧机の引き出しに入れて飼う。しかし、成長してなにになるかは、誰も知らない。

1970年頃、この虫についての特集が仙台の民放で放映され、その少しあと、NHKテレビで全国に流されて、一躍有名になったという。また、白粉を食べることから、ケセランパサランという名の化粧品会社も設立されたという。宮城県には、この虫を家宝として秘蔵する人が十数人いて、山形県南東部にも数人いるらしい。

疑問は深まり、さらに時が過ぎる。ヒントは、じつに思いもかけないところにあった。カーラジオからドリス・ディ歌う映画音楽「ケセラセラ」が流れた瞬間だ。ピンとくる。「これはなんだろう」をスペイン語では「ケセラ」といい、複数形にすると「ケセラン」。「なにになるのだろう」は「ケパサラー」で、複数形は「ケパサラン」。そうだったのか。

戦国時代から江戸時代初期にかけて、キリシタン禁止令がたびたび出される。スペインやポルトガルから布教に来ていた外国人宣教師たちは、次第に追い詰められていく。髙山右近（たかやまうこん）をはじめ、洗礼を受けてキリシタンになった日本人も同様だ。そんななか、スペイン人宣教師団の中心人物のひとり、ルイス・ソテロは、伊達藩藩主、伊達政宗（だてまさむね）と親交があったので、彼を頼り、仲間たちと伊達藩に避難した。そして、多くの日本人キリシタンと共に、一時、藩の山奥にある鉱山に身を隠した。

戦国武将は、武器生産のため、大量の鉄を必要とした。伊達藩も例外ではない。鉱山では、食い詰めた浪人や前科者が、大勢働いていた。そこへ、ソテロ本人か別のスペイン人宣教師かはわからないが、やって来た際に、低木の葉に群がるカイガラムシを見つける。

カイガラムシは蠟（ろう）を糸状に大量に分泌し、白い蠟は、花びらのように虫の全身を覆う。不思議な生きものだ。「これらはいったいなんだ」、「大きくなったらなにになるんだ」と、宣教師がスペイン語で聞く。集まった労働者はみな、首をかしげる。彼は繰り返し聞く。なかのひとりがおどけて、ケセランパサランとまねる。周囲にどっと笑いが起こり、その場は終わる。その後、鉱山労働者は、この虫を見つけるたびに、ケセランパサランといっては笑いあった。

おそらく、このようないきさつがあったのだろう。キャプテン・クックが先住民にカンガルーを指差し、なんという動物かと聞いたら、彼らは「知らない」（先住民語で「カンガルー」）と答えた。それが名前の由来というのとよく似ている。

牡鹿(おじか)半島の月(つき)の浦(うら)で、支倉常長(はせくらつねなが)らが渡航するサン・ファン・バプティスタ号を建造中も、労働者の間で、この虫の名が幾度となく登場したはずだ。

ケセランパサランは伊達藩であった地域でしか知られていない。この虫こそ、戦国時代から江戸時代初期にかけての、伊達藩の置かれた激動を象徴する存在だったのである。

トンボに夢中になる

一冊の本が、その人の生き方や考え方に、大きな影響を及ぼすことがある。そんな大袈裟(おおげさ)な話ではないが、A4判で917頁もあり、ずっしりと重い『原色日本トンボ幼虫・成虫大図鑑』(北海道大学図書刊行会)は、長年続けてきた、私の野生ザル調査のスタイルを変えた。

敗戦直後の小学生時代、夏休みの宿題には、きまって昆虫採集があった。チョウやクワガタムシ集めが人気だったが、私はトンボ捕りに夢中だった。

破れた蚊帳を納屋から引っ張り出し、適当な大きさに切って、丸い輪にした針金にくくりつける。そうしてできあがった手製の捕虫網を、2メートルほどの棒の先に取りつける。

モチノキを探して、樹皮をはぎ、川辺で丹念に石で叩く。やがて粘っこい鳥もちが完成する。それを長めの竹竿の先に塗って、トンボめがけて振る。

祖母の裁縫箱から太めの糸をくすね、小石を両端にくくりつける。そして昼日中、オニヤンマなど大型のトンボを見つけては、かれらの前方高くへ放り投げる。

畦道でカヤツリグサの穂を引き抜き、手づかみしたセセリチョウの腹部を結わえる。そうしておいて、身を隠しながら、トンボに向かってゆっくりと振る。

細い竹の先を二つに割って広げ、先端に横棒をくくりつけて固定する。それにジョロウグモの巣をいくつも絡みつける。簡便な捕虫網の完成だ。

これらすべてが、子どもの頃の、トンボを捕まえる手作りの道具だった。

もう一つある。夕立の止んだ夏の夕暮れ、山手から川面めがけて、ギンヤンマのメスが次々に飛来する。先端に鳥もちを塗った、長くて重い竹竿を頑張って振る。うまく鳥もちに絡まったら、そおっと、もちから翅をはがす。そして、翌日の暑い昼下がり、捕まえたメスの胸を細い糸でくくり、田んぼや池で悠々と旋回する、腹部のライトブルーが鮮やかなオスに向かって、草むらに身を隠しながら飛ばす。

当時の田舎では、翅の色で、ギンヤンマのメスを「ホシ」、「ヨンジョウ」、「ボッコメイ」の3通りに区別していた。なぜかはわからなかったが、そのうちで、褐色のボッコメイだと、百発百中、オスは真一文字に飛んで来て、つながる。そこを、素早く糸をたぐり、わしづかみにする。

だが、このようなトンボへの情熱は、種類集めを始めて、名前のわからないものが増えるにつれ、失せていった。当時、私の田舎にも、小さいながら図書館はあった。玄関を入って右奥の棚が図鑑類で、昆虫図鑑も置かれていた。だが、紙質も印刷も悪い白黒の絵からは、種類ごとの明確な特徴がどうにもつかめず、しかも解説は、漢字の羅列で読めなかった。

それよりなにより、標本にすると、チョウやクワガタムシなどと違って、すぐに変色し、生きているときの端正な美しさが消えてしまうのが、子ども心にも哀しかった。

そんな、はるか遠い記憶を、同僚の昆虫学者に紹介された大部の図鑑が、激しく揺さぶった。この本があれば、どんなトンボを捕まえても、名前が調べられる。子どもの頃の見果てぬ夢に挑戦するか。それからというもの、捕虫網はサル調査に出かける際の必需品になる。

一昨年（2001年）は冬の訪れが早く、宮城県金華山では、11月下旬には初雪が舞った。木々の葉はすでにない。霜柱を踏み、北風に指をかじかませながら、捕虫網を肩に山道を歩く。夏ならまだ様になるが、大のおとながこんな寒い中、なんと滑稽ないでたちなのかと、独り苦笑する。それでも、薄日が差すと、わずかな水溜まりにアキアカネが飛び、交接し、産卵していた。その年、トンボの姿が島から消えたのは、強い寒波が襲った12月10日である。

宮城県西部の山里では、昨年12月14日、厚い根雪の上で、針金のように細い、薄茶色の小さなオツネントンボが、まだ舞っていた。このトンボは、どこかに越冬場所を見つけて、春を待つはずだ。

昨春からの1年間で、宮城県内で採集したトンボは55種にのぼる。その間の、かれらとの真剣なつき合いを通して、私のトンボ観はずいぶん変わったし、いままで、サルの目で見てきた馴染みの自然を、新たに、トンボの目でも見られるようになった。

おまけに、子どもの頃、ギンヤンマのメスの中で、なぜ「ボッコメイ」が珍重されていたのかもわかった。メスの翅は、羽化直後はほぼ透明だが、次第に褐色に変わる。すなわち、「ボッコメイ」は完全に成熟し、オスにとって魅力的なメスだったのだ。

日本のセミとアマゾンのツノゼミ

自然は、しばしば人の期待を裏切りながらも、それ以上の、予期せぬ感動も与えてくれる。セミやツノゼミとのつき合いもその一つだ。

セミは日本の夏の風物詩である。山梨県大月(おおつき)市の北部では、8月に入ると、夜が白々と明けるのを待たずにヒグラシが鳴き、空が朝焼けに染まるとミンミンゼミが鳴く。陽が昇るとすぐにニイニイゼミが鳴き、日差しに暑さが増すとエゾゼミとアブラゼミが鳴く。そこにツクツクボウシが負けじと割って入る。どのセミの声も、じつに個性的だ。9時を過ぎる頃には、かれらの大合唱になる。

私が幼少時代を過ごした伊豆には、ほかにクマゼミがいた。クマゼミは体が大きく、声に勢いと迫力がある。だから、伊豆の田舎でのセミたちの競演は、いま思い出しても圧倒的な音量だった。

近所の同級生とは、よく虫捕りをして遊んだが、最初に夢中になったのは、チョウやカブトムシではなく、セミだった。セミには、種ごとに特徴的な鳴き声から、仲間うちで「シャアシャア」、「ミンミン」、「ジイジイ」、「ツクツク」、「カナカナ」、「チイチイ」といった名前をつけていた。

来る日も来る日も、セミ捕りに明け暮れた。4メートルほどの重い竹竿を担いで、木によじ登る。隣りの木には枝を伝って乗り移る。そして、点にしか見えない梢のセミに、直径8センチメートルほどの小さなセミ捕り網を正確にかぶせる。

こういった木登りや、枝を伝って木から木への乗り移りや、見上げる方向の距離感は、のちにアマゾンに赴き、樹上性のサル類を研究する際に大いに役立つのだが、それとは別に、初めて熱帯雨林に足を踏み入れたとき、私はそこに、日本とは比較にならない多様な姿や声のセミたちを想像し、心躍らせたものだ。

アマゾンに乾期が訪れると、頭上から、降るようなセミしぐれが聞かれ、ときに会話ができないほどになる。ところが、いくら捕まえても、日本のセミを超える大きさや、形の奇抜さはなかった。鳴き声も、どの種類もが単調で、ジイジイかチイチイか、そのわずかな変異しかない。私の期待は裏切られた。

そんなとき、木漏れ日が当たる低木の新葉の付け根に、体長が5ミリメートルほどの、ごく小さい、奇妙なものが目に留まる。この虫はなんだ。そっと指先を近づけ、つまもうとした瞬間、勢いよく跳ねて、飛んで、姿を消す。これがセミにごく近縁の、うわさのツノゼミか。

それからというもの、日差しのある所に出ると、きまって下草や低木やつる植物に目を凝らす。いた。ここにもいた。大きなアリ、小さいアリ、黒いアリ、飴色のアリそれぞれにそっくりなツノゼミがいる。茶色い横縞のハチ、黄色い紋の入ったハチそっくりなのもいる。

しかしツノゼミは、アリやハチなど、攻撃的な昆虫に擬態(ぎたい)しているだけではない。虫の抜け殻やかびが生えて死んだ虫そっくりなのもいれば、植物の刺や葉や芽、枯れ葉やはがれた芽鱗(がりん)そっくりなのもいる。

そのうち、なんとも不思議な格好をしたツノゼミを次々に発見し、それらがなにをまねているのか、謎解きのわくわくする醍醐味も存分に味わった。小さな黒丸のツノゼミは、葉の上に落ちた虫の糞をまねたに違いない。

日本には、体長5ミリメートル前後の、見栄えのしない数種類のツノゼミしかいない。それがアマゾンでは、あまたいる昆虫種の中で、熱帯雨林の生物多様性を象徴する存在になっている。私は幼少時のセミへの情熱に劣らぬほど、絢爛豪華なツノゼミのミクロの世界にのめり込んでしまう。

自然は、日本のセミの声や、アマゾンのツノゼミの姿からしても、幾多の進化論を超えて、天性のちゃめっ気の持ち主かもしれない。

冬虫夏草を探して

慣れ親しんでいるはずの自然で、ある日、あるものを突然発見して感動する。その瞬間、かつて図鑑や写真で見た数々の像が脳裏に浮かぶ。きっとその仲間たちも、この森のどこかにいるに違いない。

その日を境に、生きものを見る目に大きな変化が起こる。30年余りのアマゾン調査で経験した、このような変化の一つは、木漏れ日の当たる朽ちかけた倒木に、冬虫夏草を発見したときだ。黒地に青い縦縞のカミキリムシの頭から、先端が丸くて深紅のきのこが、にょきりと伸びていた。

それからは、うっそうと茂る熱帯雨林の高い樹冠に、調査対象のサルを探しながらも、私の目は同時に、これまでは気にも留めなかった暗い足元に、冬虫夏草のちっぽけな姿を夢中で求めるようになった。

今年（2006年）の夏、東北地方の太平洋側は、蒸し暑く、霧深い日が続いた。宮城県金華山も例外でなく、間断なく噴き出す汗は、アマゾンの森を思い出させた。そのとき、暗い林床の湿った落葉の上にある、純白の物体が目に留まる。間違いない。イモムシの冬虫夏草だ。

冬虫夏草とは、殺虫菌に感染した虫が死に、虫の体の栄養分で育った菌子が、子孫を残すためにきのこを伸ばしたものだ。その発生状態からは、セミの幼虫やクモの成虫など、土の中や落葉の下の虫から生えるきのこと、クワガタムシの幼虫やアリの成虫など、朽木の中の虫から生えるきのこと、葉の上や裏、木の幹や枝にいる虫から生えるきのこと、大きく三つのタイプに区別できる。いずれも、一見しただけではなんとも珍妙だが、つぶさに見ると、その一つ一つに独創的な造形美がある。

ほかにボーベリアと呼ばれる殺虫菌がいる。この菌は、虫の体を白い菌糸で覆い、かちかちに固くしてしまうが、きのこを作らないから、冬虫夏草とは普通呼ばない。だが、菌糸からいくつか小さな突起が伸びているのを、私はアマゾンで何回も見たし、ボーベリア固有の美しさがある。私にとっては文句なく、これも冬虫夏草だ。

金華山で拾い上げた純白のイモムシは、この仲間である。体長は8センチメートル。姿や形に微塵（みじん）の崩れもない。それでいて、生きているときの、気持ち悪いぐにゃぐにゃしたやわらかさからは信じがたいことだが、少々押しても叩いても、びくともしない。

金華山には、シカが過密といえるほどたくさんすんでいる。そのせいで下生えは少ない。森が明け透けなのだ。だから、あるのは知っていたが、これまで全く関心がなかった。しかし、その日の、日光を遮断した乳白色の濃霧の暗さが、私にアマゾンでの冬虫夏草熱をよみがえらせた。

その夜、調査小屋で、連れて来ている学生たちに白いイモムシを誇らしげに見せ、冬虫夏草の不思議さを語って聞かせる。すると、翌日には早速、ひとりの学生が、綿棒のような頭部を持つセミタケの一種、ツクツクボウシタケを見つけて来る。

殺虫菌は昆虫という昆虫すべてにつくし、クモやダニにもつく。したがって、種類は無限といっていいほどあるだろう。だが、私が心奪われるのは、種類の多さではない。殺虫菌にやられ、ゆっくり死んでいった虫たちの姿だ。あるものは木の幹に、あるものは葉の上にいて、いずれもが6本の脚をこれでもかと踏ん張り、爪を思い切り立てている。その姿は、生きているときにはけっして見ることができない。そこには、生と死を分かつ瞬間が凝縮されている。その異形の力強さは、東大寺南大門の左右に立つ金剛力士像をすら、ほうふつとさせる。

そんな、バッタやアリやガの仁王像を、私はこの夏、霧に包まれた金華山でいくつも発見した。自然はほんとうにふところが深い。私はこの先どんな対象に、冬虫夏草探しと同様の、熱病に侵されたような目を持つことになるのだろう。

刺激的な落葉樹林

私は東京で生まれ、伊豆で育ち、京都で学んだ。とくに幼い頃は、シイの実を集めたり、ヤマモモの実を頰張ったりと、どちらかといえば照葉樹林の方に馴染みがあった。

雪国でのサル調査を除いて、日常生活の中で落葉樹林に親しめるようになったのは、40歳を過ぎて、仙台市にある大学に赴任してからである。

自然に親しむ最も手っ取り早い方法は、目指す植物を探し、採集し、直接か自分で料理して食べることを通してだ。春の山菜、夏から秋にかけての果実、秋から初冬にかけてのきのこなど、落葉樹林には美味しいものがたくさんある。

その落葉樹林だが、私にとっては、冬の終盤から春先にかけてが最も魅力的だ。冬の終わりを待たずに、木々の葉芽(ようが)や花芽(かが)が、微妙なふくらみを見せる。芽の色や大きさは、木の種類ごとに異なる。雪はまだ、大地に固く敷きつめられているが、山の、くっきりしていた輪郭はぼやけ始め、山を歩いても、周囲の見通しは心なしか悪くなる。春がすみに先がけての、このほんのりとした〝木の芽がすみ〟は、ほとんどの人に気づかれないまま進行する。厚い積雪の下では、フキノトウがとっくに顔を出している。

そして、日差しに力を、空気にぬるみを、わずかながらも覚えるようになると、葉芽や花芽のふくらみは誰の目にもはっきりし、それからは、新緑の季節へと突き進む。里の桜花もほころびる。この、分刻みとも思えるほどの景観の変化こそ、落葉樹林の真骨頂といえるだろう。

樹木による景観の変化に、森の下草も呼応する。樹種ごとの異なる変化に、下草も種類ごとに同調する。下草の中に山菜の種類は多いが、私が毎年、どうしても食べたいと思うのは10種類である。それらの山菜の一番の食べ頃を、景観のわずかな変化の一つ一つが、場所を指定して、正確に教えてくれる。

そうはいっても、落葉樹林の、雪に閉ざされた重苦しく長い冬も、けっして捨てたものではない。雪面には、けものや鳥たちの足跡が縦横無尽に印されているからだ。足跡の一つ一つは、少しの想像力さえ持ちあわせていれば、それぞれの生きものが、いつ、そこでなにをしていたかを、驚くほど雄弁に語ってくれる。

このように、四季を通して落葉樹林に親しむようになって、宮沢賢治の童話が、これまでよりずっと深く読めるようになる。縄文人の人口密度が、雪国で高かったことが理解できるようになる。平安時代の奥州藤原三代(おうしゅうふじわら)が、東北の平泉(ひらいずみ)で栄華をきわめたことも納得できるようになる。

落葉樹林はなんと刺激的なことか。

“木っぷり”を見る

サルを探して山を歩いていて、しばしば視線はサルではなく、木々の葉の生い茂りや深い藪に向けられている。

山梨県上野原(うえのはら)市にある大学に、野生動物専門の教員として赴任して以来、実習やゼミやサークル活動の顧問として、学生たちを山に頻繁に連れていった。だが、大学から近い、東京都西部や山梨県北部の山々はどこも険しく、急峻な斜面を強引に削って作られた一般の道路や林道に沿ってしか、観察の指導ができない。視界も開けず、野生動物にはめったに出会えない。

代わりに植物を、とは思うものの、すぐれた図鑑や、花や葉や芽などの形状を手掛かりにした手引書が、すでに数多く出版されている。それらの何冊かは学生も持っていて、山に持参し、手にした実際の植物と本とを、しょっちゅう照らし合わせている。携帯電話をポケットから取り出し、ネットで調べる学生もいる。そのような状況の中で、植物の専門家でない私の出番はあるのだろうか。

学生の行動をつぶさに観察してみる。みな〝絵合わせ〟に一所懸命だ。しかし、どの植物も持つさまざまな変異や、例外や、類似種に出会うと、絵合わせがしっくりいかなくなる。彼らは、そこで同定作業を中止する。この繰り返しでは、種名はなかなか覚えないし、絵合わせを通して植物に親しんでいるようにも見えない。

私自身が植物を面白がらなければだめだ。なにかいい方法はないか。そこで考えたのが、植物の分類群から、とりあえず興味ある一つを選び、そのグループの全種類を山で見つけ出し、完全に自分のものにするというやり方だ。終わったら、次の分類群に進む。

1年目の秋はシデ類の実が豊作だった。私は種子についた翼の形状を手掛かりに〝木っぷり〟を観察する。じきに、区別しがたいシデ類4種と近縁のアサダを、一見しただけで見分けられるようになった。

木っぷりとは私の勝手な造語で、木を全体として見たときの樹形や、枝の伸び方、葉の色や厚さや茂り方、幹の丸み、樹皮の割れ目の程度や色などを総合する。その上に、尾根筋か斜面か沢沿いかといった、生えている場所の環境条件を重ねる。それは一瞬でできる。双眼鏡もルーペも使わない。両手は、いつもの山歩きのスタイル、ズボンのポケットに突っ込んだままでいい。

これはいける。それに、目的のシデの仲間を歩きながら探すのも、見つけたシデがどの種か、そのたびに自己テストするのも、意外と楽しいものだ。

2年目の春からは、カエデ類26種に挑戦する。やり始めて早々、大学のある上野原市の、市木になっているヤマモミジが、この地域を含む太平洋側にはないことを知る。太平洋側にあるのは亜種のオオモミジだ。ただ、上野原市が、分類学上の種名や亜種名でなく、里にあるのがサトザクラ、山にあるのがヤマザクラという日常会話的な区別と同様の、ごく軽い意味でサトモミジとヤマモミジという区別を使っているのなら、それはそれでいいのかもしれない。

調査地に実際には普通にありながら、発見するのに手こずった種もある。オオイタヤメイゲツには4カ月、アサノハカエデには半年近くかかった。ウリハダカエデとホソエカエデとウリカエデを、ひと目見ただけで区別できるようになったのは半年後だ。

そんな観察をしながら、種名のオオモミジなどモミジという呼び方と、ミツデカエデなどカエデという呼び方の違いを知る。紅葉(もみじ)と楓(かえで)という漢字の由来も知る。

モミジは、文字を持たない縄文人が使っていた言葉（縄文語）の「もみじる」という動詞、すなわち、「秋になって木の葉が色づく」に由来し、後世、色鮮やかで人目にもよくふれる、人里や里山の低い所に多いイロハモミジやオオモミジに、代表格としてその名がつけられたという。「紅葉」という漢字は当て字である。一方、カエデは葉裂の特徴からの命名である「カエルの手」がなまったものだ。そして、中国から移入されたフウという植物（漢字で楓と書き、分類学上はマンサク科）が、紅葉したときの色も葉の形もカエデ類によく似ていることから、「楓」

をカエデに当てたようだ。

また、なぜ紅葉狩りといって、楓狩りといわないかも知る。目的が、色とりどりに色づいた（縄文語で「もみじった」）木々の織りなす、山の美しい風景を愛でにいくのであり、カエデ類だけを探しにいくのではないからだ。

紅葉狩りの名勝地の多くが渓谷にあるのもわかる。峡谷のような土壌の貧弱な岩場でも、イロハモミジやオオモミジはよく生育することと、カエデ類がほかの落葉樹に比べ葉がきわ立って薄く、逆光のもとでは、比類なき赤さを呈するからである。見物場所は当然、下方から見上げて愛でられるように設定されている。

カエデ類にすっかり馴染んだ頃が、紅葉の季節と重なった。テレビのニュースでは、鮮やかに色づいた各地のカエデ類が頻繁に映し出される。それがなんという種なのか、瞬時にして識別できるようになるとは思ってもみなかった。

このように、私が実践し、夢中になっているのだから、きっと学生も、植物に親しむ、強いては自然に親しむのに、有効な方法となるに違いない。

それにしても、いままでは関心がなく、気づきもしなかったある植物が、懸命に探して、いったん発見すると、あとは厚い緑の重なりの中から、勝手に目に飛び込んで来るようになる。

植物そのものも面白いが、山を歩いていて、いままで見えなかったものが急に見えるようになる不思議さも、また面白い。

カエデ類にはまる

いったんなにかにはまると、自然はとたんに、新たな問いを次々に投げかけてくるものだ。数年前にはまったのはトンボだった。いまはカエデ科の植物である。艶やかな紅葉の季節が終わり、山々が冬化粧を済ませても、カエデ類は相変わらず、私の興味や関心をかき立て続ける。

石川県白山にサルの調査にいく。白山は日本海側にそびえる山岳である。当然、あるのはオオモミジではなく、亜種のヤマモミジのはずだ。

私は吹き溜まりの雪を、幾度掘り返したことか。雪の下には、同じく吹き溜まった落葉が積もっていて、その中から見つけ出したモミジの葉は、予想した通り、どれもヤマモミジだった。

この納得は、たいしたことではない。青森県下北でも、私は同じことをする。すると、下北もヤマモミジなのだ。ということは、地理的には太平洋側か日本海側か、微妙な位置にある下北だが、カエデ類という視点で見れば、白山と同じ日本海側の植生といえる。

春になって、前年（二〇〇七年）に覚えたカエデ科の植物の、芽吹きの色や花の色を確かめるため、山梨県大月市北部の調査地に、何回も足を運ぶ。どの種はどこにあるかが全部わかっているから、サルを探すより格段に楽だ。そして、ほとんどの種が、新葉も花も赤みがかり、この季節なら、遠くから眺めただけで、ほかの樹木と区別できることを知る。

そうしながら、別のことも気になる。カエデ科の種ごとに、出現する標高が異なっている点だ。植物学ではそれを垂直分布といい、いってみれば当たり前のことだが、カエデ科の中の近縁種について見ると、たとえば、標高の低い所から順に、ウリカエデ、ホソエカエデ、ウリハダカエデが出てくる。また、ミツバカエデはホソエカエデの分布する上部に、メグスリノキはウリハダカエデの分布する下部に出てくる。ウリハダカエデの分布の上部にはアサノハカエデがある。ウリハダカエデより高みにあるのがテツカエデだ。

気になった別のこととは、カエデ科の種ごとの、このような垂直分布が、もしかしたら、日本列島での緯度分布と、それなりに対応しているのではないかという点である。

所用で仙台市に戻ったついでに、あいた時間をフルに使って、仙台市西部に車を走らせる。その頃にはもう、林道を走っていて、速度さえ落とせば、カエデ類が勝手に目に飛び込んで来るまでになっていたから、広い地域を短時間で見て回れる。

仙台市西部では、標高の一番低い所にウリハダカエデがある。大月市北部にあったウリカエデやホソエカエデは、いくら探しても、一本も見つからない。ミツデカエデは里にあり、メグスリノキは里山の低い所にある。コミネカエデも大月よりずっと低い標高に群生するし、それより上部には、大月市北部では見かけなかったミネカエデが出現する。

間違いない。私は確信を持ちたくて、同じことを、夏のサル調査で青森県下北へいったときも、やってみる。なんと、下北ではウリハダカエデすらない。ということは、ある地域の標高差による垂直分布を、日本列島上で北に向かって倒せば、種ごとの緯度分布のおおよそが推察できることになる。

植物学者にとっては、このような作業はおそらく常識なのだと思う。だが、普段、ポケットに両手を突っ込んだまま、サルを探して歩いている私にとっては、目に飛び込んで来るカエデ科の植物が、その瞬間瞬間に、いま自分がいる地点の、標高や緯度に関する情報を与えてくれるわけだ。なんと心はずむ山歩きではないか。

前年の秋、赤や黄色に色づいたみごとな葉を、種ごとに数枚ずつ採集し、標本用として新聞紙に挟んでおいた。厚い図鑑類でしっかり重しをしたから、出来栄えは上々のはずだ。それらの葉の仕上がり具合を確かめるために、研究室の机の上に広げているとき、大胆なことを思いつく。カエデ科の種ごとの進化についてである。

樹木の葉の原型を、照葉樹のマテバジイやスダジイ、サカキ、クスノキ、タブノキなど、おおよそラグビーボール型の、鋸歯（きょし）（葉のまわりにあるぎざぎざ）も葉裂（ようれつ）（葉の切れ込み）もない、楕円形に近い形だとする。そうすると、カエデ類は、鋸歯を持つグループと持たないグループとに、まずは二分できる。しかも、そのそれぞれで、葉裂の単純なものから複雑なものへと並べられる。さらに、葉裂が進んだその先に、単葉（たんよう）（一枚一枚が独立している葉）から複葉（ふくよう）（一枚が何枚かの小葉（しょうよう）に分かれている葉）へと進化したとすると、標本にしたすべての葉を、二つのグループそれぞれで、原始的な形状から順に、きれいに並べられるではないか。

このようなカエデ科の進化のありようは、まだ私の〝頭の体操〟の段階で、学問的な話ではない。ただ、ふとした思いつきに沿って、葉の標本を、ああだこうだと独りぶつぶつつぶやきながら、机の上に並べる作業は、けっこう楽しいものだ。

ところが、余韻に浸って、熱いコーヒーをすすっているときだ。どんでん返しともいうべき発想がひらめく。カエデ科の種ごとの多様な鋸歯や葉裂は、より単純なものから複雑なものへという、一般的な進化の概念とは無関係に、これらは、種ごとの〝遊び〟ではないのか。そして、進化における遊びという概念は、アマゾンのツノゼミ同様、もしかしたら生物多様性を支える根本にあるのでは……。

コーヒーの冷めるのも忘れて、さらに想像を呼ぶ。照葉樹の葉の多くは、ごく細かい鋸歯があるかないかは別にして、単純な楕円形をしている。葉裂のある葉や複葉は、むしろ珍しい。一方、落葉樹の葉の形状は、カエデ類にかぎらず、千差万別である。

では、落葉樹の、このような千変万化する多様な葉の形状は、どうして生まれたのだろう。それはおそらく、どんな形状をしていようと、葉をつけているのは一年の半分であり、どの木も、秋には葉のすべてを落とすことと関係しているのではないか。

何十年、ときに何百年にわたって延々と、日々、隣接する木々と、光合成の効率を競い続けなければならない照葉樹の葉と違って、どうせ半年ほどの短い寿命なら、標高や地形や緯度をすみわけるだけで、あとは、好き勝手な形を種ごとに楽しめば、それでいいということだ。

このような目で樹木の葉の形状を見ると、照葉樹の葉からは〝頑張っている〟、落葉樹の葉からは〝遊んでいる〟、そして、落葉樹の中でもカエデ類だけはとび抜けていて、〝遊び〟がもう〝道楽〟の域に達しているようにも思えてくる。

ここまで来ると、もう妄想の域に近い。でも、私をこれほどまでに悦に入らせてくれようとは、カエデ類をやり始めたときには夢想だにしなかったことだ。

ところで、そのきっかけとなった、大月市北部での学生実習についてだが、こんな、相当しっちゃかめっちゃかな話を、いったいどのように教材化し、植物に興味のない学生たちを植物に親しませることができるのか。ここは思案のしどころだ。

キイチゴは空木だった

山の中で、なにわくわくさせられるかといって、その最たるものは、ほんのちょっとした発見をきっかけに、芋づる式に、いままでことさら関心がなく、関係もなかったものが、一本の線でどんどんつながっていくときだ。

カエデ科の植物とのつき合いがほぼ軌道に乗ったこともあって、私は次のターゲットに、バラ科キイチゴ属を選ぶ。どのキイチゴも低木で、春に特徴的な白い花をつけるし、陽のよく当たる荒地に生育する。だから、見つけるのにカエデ類ほど苦労しないだろう。それに、これまでのサル調査で、ずいぶん世話にもなってきた。

夏、日陰のないかんかん照りの林道を、サルの食痕や糞を探してひたすら歩いていると、うだるような暑さや単調さ、疲れや喉のかわきなどが重なって、どうしても、周囲への気配りが散漫になる。そんなとき、林道脇の、赤や黄色に熟れたキイチゴの甘いジューシーな果実は、いつも私にひと息入れさせ、気持をしゃきっとさせてくれる。キイチゴが密生している一帯では、サルはこの実が好物だから、フィールドサインの見つかることも多い。

サルと同じく、クマもこの実が大好きで、近くに、湯気の立っていそうな真新しい糞や、砂地に鮮明な足跡を見つけると、一瞬、私に緊張が走る。あたりを見回す。そんなときにかぎって、そこだけ暗いヒバの太い横枝に、腹這いでうたた寝するハナレザルを発見したり、斜面下方の梢の揺れに気づいたり、遠い尾根からかすかな鳴き声を聞いたりするものだ。

キイチゴ類をやり始めてすぐに、クサイチゴが草本図鑑でなく、樹木図鑑に載っていることを知る。ショートケーキの上に載っているストロベリーとラズベリーの違いを知る。前者は果実（集合果）と肥大した花床の両方を食べるが、後者は果実（集合果）の部分しか食べないという、両者で、食べる部位の異なることも知る。

実が熟れる夏、ひとりでサルの調査をしているときは、実の味が種類ごとにどう違うかを調べた。さわやかな甘みか濃厚な甘みか、かすかな苦みか舌に残る苦みかなど、2、3粒をじっくり口の中で転がし、味を楽しみながら記憶していく。

学生たちと一緒のとき、林道の急なのり面に、実が鈴なりになったキイチゴを見つけると、即座に斜面をよじ登る。そして、痛い刺に気をつけながら、実がこぼれ落ちないように、ナイフでそおっと根元近くを切っては、学生たちの手元に落とす。美味しい味から入るのが、彼らがキイチゴ属の植物に親しみを持つ、一番の近道になるはずだからだ。

そのようなことを繰り返しているとき、ふと、切り口に目がいき、「うつぎ」（漢字では「空木」と書き、枝や幹の中央部が空洞になっている木のこと）であることに気づく。えっ、キイチゴがうつぎだなんて、これまで聞いたことがない。その場所で切った、エビガライチゴの枝4本のすべてがうつぎだった。それ以来、私は山にいって、キイチゴを見つけるたびに切ってみた。いずれの種もうつぎだった。

日本の野生植物で、枝や幹の中央部が空洞で（若いうちは白くてやわらかい髄（ずい）が入っている。髄は芯（しん）ともいう）、うつぎと名のつく植物は多い。ウツギ科の何種類もの植物以外にも、スイカズラ科のタニウツギや、ユキノシタ科のノリウツギなど、植物図鑑の和名索引を眺めていると、植物分類学上の科を超えていくつも見つかる。しかも、バラ科で、うつぎとは呼ばれない、キイチゴといううつぎのあることを、知っている人はなにをいまさらと思うだろうが、私は初めて知ったのである。

うつぎのことがしばらく頭の片隅に引っかかっていて、なにがきっかけだったかははっきり思い出せないが、突然うつぎの特徴に気づく。その特徴からすれば、アジサイの仲間も絶対にうつぎのはずだ。早速、近くの道路脇にあるアジサイの、一本の枝を失敬する。予想通りである。

それからというもの、どこの林道を、どれほどの速度で車を走らせても、私は一瞬にして、枝がうつぎになっている植物を見つけられるようになる。簡単なことで、根元から何本もかたまって分枝（ぶんし）を出している低木があれば、そのほとんどはうつぎなのだ。しかも、林道脇に圧倒的に多い。

うつぎであることの説明は、おそらくこうだろう。荒地に強く、太陽のぎらつく光を好む陽光性の植物は、一気に背丈を伸ばさないと、またたく間に、イタドリやシシウドなど高茎（こうけい）の草本類が覆いかぶさってきて、日陰を作られてしまう。それに負けないためには、枝や幹を空洞にした方が賢い。背丈を急速に伸ばせるからだ。

ところが、そうすると、うつぎだから折れやすい。それを補うには、根元からたくさんの分枝を出せばいい。真っすぐ伸びる分枝同士がたがいに寄り添えるから、少々の風雨ではびくともしない。

エビガライチゴの分枝の一本が、たまたまうつぎであることに気づいてから、このように、キイチゴの仲間がすべてうつぎなこと、うつぎと名のつく植物はウツギ科の植物だけでなく、分類学上のいくつもの科で見られること、うつぎである低木はすべて、荒地に強い陽光性の植物であること、だから、荒地になった林道脇では頻繁に見られること、しかも、普通の植物のように幹が一本、すっくと立つのではなく、根元から分枝が何本も出ることなどが、芋づる式に、次々とつながっていったのである。

サルの群れを追っていて、伐開地など、これら、うつぎになった低木が形成する藪の通り抜けには、見通しが悪いし、刺がささったり、引っかき傷を作ったりと、これまで散々うっとおしい思いをさせられてきた。ところが、藪を構成する、うつぎである植物を手当たり次第に覚えていけるから、ナイフを片手に持っての〝藪こぎ〟が、それからは、案外楽しいものになった。

ただ、根元から何本も分枝を出している低木というのは、うつぎであることの十分条件だが、必要条件ではない。タラノキやキリのように、普通の樹木と同じく根元から真っすぐな幹が一本しか出ていないのに、うつぎになっている植物もあるからだ。陽光性の植物であることに変わりはないが。

ところで、キイチゴ探しだが、ほかの種は実のなっている夏の間に見つけ出せたが、フユイチゴだけはどうにも出会えず、そのうち秋になり、雪が降り始めて、私は年内に見つけるのをあきらめていた。

それが12月（２００７年）の末、青森県下北でサルの調査中、それも山の中ではなく、下北では有名な薬研（やげん）温泉の、すぐ近くにあるキャンプ場の、バンガローの軒下で見つけた。そのときは、感激はしながらも、こんな人の出入りする所にと、いささか複雑な気持にもなった。

雪が軒下のそこだけ融けていて、丸みを帯びた葉が左右から2枚、半分ほど顔をのぞかせていた。私は茎みたいな、つるみたいなものを、鋭い刺に気をつけ、そおっと雪を掘り起こしながら、慎重にたどっていく。10分ほどでやっと、赤く熟れた実三つにいき着く。

たった3粒を口にできただけだが、その味を忘れることはないだろう。このフユイチゴは常緑で、しかも冷温帯の下北だから、正確にはコバノフユイチゴのはずだ。

シダ植物の面白さ

ひょんな拍子で興味を持ち、気づくと深みにはまっている。そんな体験が最近多い。いまは、シダ植物がそれだ。長く続けたアマゾン熱帯雨林でのサル調査では、背丈を越す木性の立派なものから、地面を這う小さなものまで、たくさんのシダ植物を見てきた。しかし、調査地に7種類いるどのサルも無関心だったから、私も無視した。

宮城県金華山には、毎年5月のゴールデンウィークに訪れ、ワラビの新芽に舌鼓を打つのが常だ。しかし、サルもシカも食べないから、島じゅうに繁茂するワラビに、それ以上の関心を払うことはなかった。仙台市西部では、早春に芽吹くコゴミ（クサソテツ）を摘み、お浸しにしていまでも食べるが、やはりそれきりだ。石川県白山では、かつて地元の人たちと、残雪伝いに急峻な岩場をよじ登り、競争でゼンマイ採りをした。そういえば、幼少の頃を過ごした伊豆では、ツクシ（スギナの胞子葉）を田んぼの畦道でよく摘んだものだ。このように、私とシダ植物とのつき合いは、いままで、山菜という観点からだけだった。

昨年（2007年）11月下旬、金華山でサルのセンサス（全頭数を数える調査）を行ったときのことだ。この季節、例年なら、島全体が落葉と枯れ草のくすんだ茶褐色で覆われるはずなのに、急斜面のいくつかの沢筋は、いまだ濃い緑に塗りつぶされている。調べてみると、それは常緑のシダ、オオバノイノモトソウだった。

冬でも枯れないシダが多いならと、山梨県上野原市にある大学に戻ったあと、日曜日で人影のない構内の、そこだけ陽の当たらない、湿った崖状の場所にいってみる。ホラシノブやイワトラノオなど、なんと、8種類ものシダが生えているではないか。

昨年末には、青森県下北の全域を対象に、140名の調査員を全国から集めて、サルのセンサスが実施された。積雪が少なく、ササ藪の葉の上に雪が載っている状態で、なんとも歩きにくく、調査は難航する。ところが、そのせいで、ヒバ林やスギ林の暗い林床は、一面、葉の大きなジュウモンジシダやリョウメンシダ、イノデなどに覆われ、それぞれ微妙に異なる鮮やかな緑色は、下北の山々の、冬景色に対する私のイメージを一変させた。

その調査中、細い林道を歩いていて、ヤマドリのオスの真新しい死体に出くわす。羽毛が周囲に飛び散っている。

笹身（胸部の肉）は食いちぎられてほとんどないが、内臓の多くは残っている。この食べ方からして、下手人は、このあたりでよく見かけるクマタカだろう。

外に飛び出している食道の、ちょうど中程にある素嚢（食物を一時的に貯える器官）には、シダの葉の、ついばまれた破片がぎっしりと詰まり、テニスボール大に真ん丸にふくらんでいる。素嚢を切り裂いて内容物を取り出す。平らな石の上に広げて丹念に調べる。なんと、全部がジュウモンジシダだ。その量の多さにも驚いたが、冬場、シダを専門に食べる身近な動物のいることを、私は初めて知った。

幸運は続く。その3日後のことだ。湿地状になった小さな沢のほとりで、カモシカの親子がいっとき、雪を前足でかき落とすように掘り出しては、密生するリョウメンシダをひたすら食べ続けるのを見た。カモシカの、このような採食行動も初めての観察だ。

正月三が日は仙台で過ごす。鏡餅や注連飾にはシダの葉が添えられている。ウラジロという常緑のシダで、2枚の葉（羽片）の付け根から2枚の新葉（羽片）が出て、その付け根からまた2枚と、次々に葉が出るため、末広がりの意味で、縁起物の一つだという。

2日は朝からずっと、箱根駅伝をテレビで見ていた。第五区は山登りコースで、毎年ドラマがある。激走する先頭の走者が函嶺洞門にさしかかる。そのとき、走者の背景、石垣の黒の中に、一瞬シダの緑が映る。すぐに目を閉じて、残像を追う。おそらくヤブソテツとシシガシラだろう。それからは、箱根の登り坂で石垣が出てくるたびにシダが気になって、駅伝観戦どころではなくなってしまう。

このぶんだと、当分シダ漬けの日々が続きそうだ。それにしても、自然は、どんなことでもちょっと興味を持てば、面白さを四方八方に、しかも無限に広げてくれるものだ。

水辺の狩人

ヤマセミ　渓流でイワナをゲット、頭から丸呑みする。大食漢にただただ驚く

空中のハンターたち

オオワシ　気高く雄々しい。肩の白さと黄色の嘴が目をひく

オジロワシ　大きな翼で悠然と飛翔する。海岸線の勇者だ

ミサゴ　4羽が無事巣立った。来年、またおいで

ウミネコを捕食するハヤブサ。海岸線の見晴らしのいい岩場で獲物を狙う。急降下し空中で体当たり、狩りは荒々しい

クマタカ　森の上空を貫禄の旋回。羽が整い美しいのは若鳥だからだろう

モズ　獲物に対する気性は、小さな猛禽だ

猛禽類

ノスリ　農耕地でネズミやヘビを狙う

上：コクガン　水辺の貴婦人は意外にも気性が荒い

下：ウミアイサを襲うセグロカモメ　獲物の横取りを狙う

下：スズガモ　河口付近でキンクロハジロなどと混群する

オオハクチョウ　どこかひょうきんな顔に心和む

水鳥たち

両生類

モリアオガエル　ソフトボール大の卵塊が特徴だ

アマガエル　梅雨時、タニウツギのピンクの花でひと休み

ヒキガエル　早春、山深い林道の水溜まりで命が繋がる

トウホクサンショウウオ　きれいな湧き水が産卵場

アカハライモリ　ドキッとする生物の一つ

アオダイショウ　多くの人がヘビを嫌う。実はサルも大の苦手、取り囲み大騒ぎとなる

マムシ　有毒で危険。銭形の斑紋模様が識別のポイント。目につく機会が多く要注意

ヤマカガシ　水田や水辺がすみか。カエルを好む

爬虫類

シマヘビ　虹彩が赤い。尾を振るわせ威嚇する

アゲハ(右)の飛翔　アザミの花に集まるヒョウモンチョウと夏型のアゲハ

上：キアゲハの幼虫　エゾニュウの葉がお気に入り。寄生バチに要注意

左：アサギマダラ　ふわり、ひらりと舞い飛ぶ。旅する蝶として有名

虫の不思議

ギンヤンマ　子どもの成長と捕獲できるトンボには相関がある。ギンヤンマは手の届かない王様だった

上：オツネントンボ　つまようじのような細い体で冬を越す

右：ミヤマアカネ　最も美しい赤とんぼ。夕焼け色はオスだけ

第7章

子どもたちとともに

未来　本物の自然、本物の体験

1年生の昆虫分類

子どもは動くものに大変興味を示す。手が届いたり、手の届きそうなところに動くものがいると、興味は倍加される。

宮城県金華山への定期便が出る港町、鮎川(あゆかわ)の小学生と、毎年春と秋に金華山を歩くようになって、数年が経つ。私は1年生と一緒に歩くことが多い。島には野生ザルが6群いる。そのどれかに出会えるように、前日に群れを追い、居場所を確かめておく。

1年生はサルに出会った瞬間、興奮して「サル」、「サル」とみなが口々に叫び、指差す。そして、すぐにサルの方へ駆けていく。サルは驚いて、足速に斜面を登る。1年生の足では、とても追いつけない。とたんに興味が失せてしまう。

神社で餌づけされたシカに対しては違う。えびせんべいを手に、屁っぴり腰で、恐る恐る近づいては、なんとか触ろうとする。反対に、シカが餌欲しさに近づいて来ると、悲鳴をあげて逃げる。そんなシカとの戯れは、かなり長続きする。

1年生全員に、軽くて使いやすい双眼鏡を渡してある。大空をゆっくり舞う猛禽類や、梢でさえずる色鮮やかな小鳥がいれば、双眼鏡で見るよう仕向ける。彼らの反応は、実際に見えているかどうかはわからないが、「あっ、とり」というだけで、なんともあっけない。

鳥でも、ウミネコだけは例外だ。帰りの船に、餌づいているウミネコが30羽、40羽と、えびせんべいを求めて群がる。子どもがえびせんべいを持った手を突き出す。ウミネコはその手をかすめるように飛んで、餌を上手にくわえる。

子どもはそのたびに歓声をあげ、大はしゃぎだ。

昆虫への関わりは、ことのほか面白い。1年生の昆虫分類は私たちとは違う。翅（はね）が大きくて、花に止まっているのがチョウチョ、木でうるさく鳴くのがセミで、両方を子どもは知っているが、ほとんど興味を示さない。開けた場所で旋回するのはトンボだ。子どもがいったん捕虫網を手にしたら、もう止まらない。じきに、うまく捕れずに泣きべそをかく子どもも出てくる。葉っぱの上や地面にいて、近づくとぴょんと跳びはねるものがいれば、それらはすべてバッタである。私は彼らから、「バナナバッタ」という名の虫を教わった。

バナナバッタは草むらの葉の上にいて、子どもが手づかみしようとすると、きまって1、2メートル先へはね跳ぶ。葉の緑の上に、黄色い、ごくごくミニチュアなバナナが2本、くっついて行儀よく並んでいる。2本とも本物のバナナそっくりに、先が少し尖っている。付け根が黒ずんでいるのは、バナナのその部分が熟れすぎているせいだろうか。子どもが夢中のバナナバッタの正体は、早春に姿を現わし、秋遅くまで、どこにでもいる体長1・5センチメートルほどのツマグロヨコバイで、セミに近縁の半翅（はんし）目（カメムシ目）の昆虫である。

1年生の昆虫分類では、これらチョウチョとセミとトンボとバッタ以外は、おしなべて「ムシ」で、特別に目立って美しくなければ、興味をひかない。

その一つが、ピンク色の金属的な光沢を放つムシ、オオセンチコガネだ。このムシが真新しいサルの糞に群がっていても、全然意に介さない。体の半分を糞に潜り込ませているものも、指でほじくり出しては、ビニール袋にせっせと集める。

これはやばい。次の休憩と同時に、私は身を隠す。糞にまみれた小さな指で、ガムや駄菓子をこねくりまわすように二つに割って、何人もが、その片方を「おっちゃんにもやる」と、愛を込めて私に差し出すからだ。そうされたら、1年生の愛に応え、「ありがとう」とやさしく微笑み返して、食べないわけにはいかないのだ。

このように、1年生の昆虫分類はたったの5区分だが、2年生になるとがらりと変わる。水中のヤゴ捕りにこだわる子、朽ち木を蹴とばしてはカブトムシやクワガタムシの幼虫探しに熱中する子、そういった昆虫少年の卵が出現する。

伊沢のおっちゃん

子どもから自然について学ぶ術が、少しは身についたかなと、最近思う。

これまで、宮城県金華山や石川県白山、青森県下北などで、小学生と一緒に、何回も山を歩いた。小学校の授業の一環だったり、地元の教育委員会が主催の体験学習や、ボランティア団体が呼びかけた自然観察会や、教員養成大学と小学校の共同事業だったりと、形態はそのときどきでさまざまだが、いずれのときも、子どもから驚くようなことを教わった。

金華山で2年生25人と歩いたとき。仲間の輪に入れない、要注意の男の子がひとりいた。広い芝地に出る。おやつを食べ、ひと息ついたあと、みなできのこ採りをする。四方八方に、駆け足で散った子どもが、次々に戻って来る。手にいっぱいのきのこを私に見せる。ほとんどはカワラタケの仲間だ。遅れて、その男の子も戻って来る。子どもの輪のうしろから、無言で右手を突き出す。泥だらけの手のひらにそおっと握られているものに、私はびっくりする。

死んだエゾゼミの幼虫で、その頭部からは、針金のように細い黒っぽいものが真上に長く伸び、尖端がふくらんで、鮮やかな朱色をしている。なんとそれは、冬虫夏草のセミタケでの一種ではないか。金華山では初めての採集である。

3年生20人と歩いたとき。サルの群れが通った直後で、山道には糞が落ちている。糞はどれも、大きさが違う。子どもはすぐ、それがオトナかコドモかアカンボウのものか、区別できるようになる。糞を小枝で割ると、未消化の植物の種子が出てくる。その種子がどの木の実のものか、みなが夢中になって、あちこちの低木から実を採っては、指で潰して種子を調べ始める。

そこにひとりだけ、道にかがみ込んで動かない女の子がいた。声を掛ける。手にはシカの糞が四つ握られている。「シカのうんちはどれも同じ大きさだけど、どうして」。確かに同じ大きさだよな。私は一瞬返事に詰まる。

4年生30人と歩いたとき。白骨化したシカの死体に遭遇する。これはまたとない教材だ。私は大学での講義とほとんど変わらない内容の、一本一本の骨の名前と、それが人の体のどこに当たるか、骨を手にとって丹念に説明する。難しい話なのに、不思議にみな、真剣に聞いてくれる。

10分ほど話して、私が腰を上げ、先へ進もうとしたとき、ひとりの男の子が、「この骨、持って帰っていい」と聞く。うなずくと、誰からともなく合掌し、ちょこっと首を垂れ、それから骨を一本ずつ拾って、ほんとうに大事そうに、小さなリュックの中にしまった。

白山の雪山で、5、6年生40人と歩いたとき。河原に積もった厚い雪が、そこだけ割れて、水溜まりがのぞいていた。水の中は暗い。ちょっと見ただけで通り過ぎる。と、数歩歩いたところで、うしろから、女の子の「あっ、さかな」という声を聞く。急いで戻って目をこらすと、イワナの稚魚10匹ほどが泳いでいる。

大規模な林道工事で、淵が土砂ですっかり埋まってから、この谷に魚はいないことになっていたし、私もそうだと信じていた。先入観とは恐ろしいものだ。上流にあるひなびた温泉の養魚池から、大雨のときにでも逃げ出したのだろう。

4年生から6年生までの20人と、同じ白山の雪山を歩いたとき。急傾斜の大きな雪面に出たので、尻すべりを楽しむことにする。見下ろすと、ほぼ垂直に見えるから、最初は怖がる子どももいた。ところが、いったん馴染むと、腹這いで滑って「アザラシのタマちゃん滑り」とはしゃいだり、でんぐり返しでくるくる回って滑ったり、助走をつけて斜面に飛び込んだりと、いろんな雪面滑りのあることを、子どもは身をもって教えてくれた。

5年生のときから友だちになった中学1年生の女の子がいる。この2月、白山でまた一緒になった。休憩時間に、その女の子に、自然での体験学習で楽しいと思ったのは、どんなときかを聞いてみた。彼女は急におとなびた顔つきになって、「第一にスリルのあること、次にとにかく面白いこと、三つ目は、先生が私たちのやったことをまねて失敗すること」という。そして、くすっと笑って子どもの顔に戻り、小声で「伊沢のおっちゃんはまあ合格」と評価してくれた。

対象への温度差

「クマがA地区に出没」、「スズメバチがB地域で大発生」。こんなニュースが流れるたびに、その受け止め方の、人々の間にある温度差を痛感させられる。

テレビや新聞、インターネットなどから溢れ出る無尽蔵ともいえる情報は、生きものをより深く知るのに、どれほど役立っているのだろう。むしろ昨今は、情報の多くが、怖い、危険だ、要注意といった、一方的にかれらから距離を置かせる類いのものであるように思う。

8月初め（2004年）、仙台市の、私が勤める教員養成大学に接して西側、青葉山（あおばやま）緑地公園で、クマのつめ跡と足跡が見つかった。地元のメディアがこぞって報道する。それから3週間、公園への立ち入りが禁止され、入り口という入り口は厳重に封鎖された。

時をほぼ同じくして、私は青森県下北で、多くの若者と、北限のサルの分布調査をしていた。調査を開始して4日目、平舘（たいらだて）海峡を挟んで津軽（つがる）半島が望める奥深い林道で、女子学生が子連れのクマに遭遇する。クマは、林道沿いにたわわに稔るエビガライチゴやモミジイチゴなど、キイチゴ類の赤や黄色の果実を頬張っていたという。

夜のミーティングで、その報告を聞いた若者はみな、翌日の調査担当区域として、クマがいた林道へ行くことを希望する。実際、希望の叶った調査員は、林道に座り込んでキイチゴに夢中になっている、漆黒の生きものを目の前で見ることができた。

その夜、若者たちの希望は熱望へと変わる。そして次の日も、熱望が叶った別の調査員は、林道脇の茂みにいるクマを発見する。世の中にこんなにも美しい、神秘的な黒色のあることを初めて知ったと、興奮して話す誇らしげな表情が、印象的だった。

下北での調査から戻ってすぐ、仙台市内にある女子大学へ集中講義に出向いた。その年の夏は異常に暑く、大きな教室の窓は開け放されていた。2日目の午後の授業中、窓からハチが入ってくる。中型のアシナガバチのようだ。誰かがそれを見つけ、悲鳴を発する。悲鳴は次の瞬間、教室中の学生に連鎖し、一種のパニック状態になる。

ハチはゆっくりと飛んで、教室の中央を廊下側へと横切り、そのあと、教室の隅から隅へ、ほぼ一周する。後頭部を抱えて身を伏せる者や、顔をそむけながら手を振って、追い払おうとする者がいる。席を立って逃げる体勢をとる者もいる。すぐ隣りの学生は、つられて椅子から腰を浮かす。そうしながら、顔は一様に引きつっている。一方、闖入者のハチは、学生の大騒ぎをよそに、巣作り用に好適な穴を丹念に探し、結局見つけられず、入ってきたと同じ窓からすうっと出ていった。

ちょうどその夜、テレビでスズメバチ退治の特集を放映していた。私は、無残に打ち砕かれる大きな丸い巣を見ながら、宮城県金華山での、子どもたちのことを思い浮かべていた。

小学校3年生13名の自然観察会をやったときのことだ。キイロスズメバチの空き巣を事前に見つけておいたので、木に登って、それを取り外す。巣の外側の、みごととしかいいようがない繊細なうろこ模様は、まさに自然の芸術品だ。その作られ方を説明する。終わって、巣をそのままに立ち去ろうとしたら、ひとりが欲しいという。残りのみなもいっせいに小さい手を伸ばす。ナイフでそおっと割って、13個に分ける。子どもはそれを、大切な宝物のようにビニール袋に入れ、リュックにしまった。

その先、歩きながら捕虫網でハチを捕らえては、彼らにいろんなハチの話をした。誰もが聞き耳を立ててくれた。

木登りのすすめ

子どもの頃、私は木登り遊びに夢中だった。終戦直後で、遊び道具がなにもなかったし、疎開した田舎には、森や林が身近にあったせいもある。

樹上から見晴らす景色が気に入ると、廃材と錆びた釘を拾ってきて、座れる場所をこしらえたりもした。イノシシの親子がとことこと、私の真下を通っていった情景は、いまも脳裏に焼きついている。

大学院生の5年間は、人っ子ひとりいない茫漠たるアフリカの原野で、野生チンパンジーの調査に従事した。チンパンジーは夜ごと、樹上に、枝を折り重ねて寝床を作る。私はその寝心地と、そこからの眺望を確かめに、寝床の作られた木に何本登ったことだろう。

寝床に身を横たえながら、一度は、眼前に広がる草原を移動する、15頭のゾウの行列が眺められた。うしろのゾウの鼻が、前のゾウの尻にふれていると思えるほど、一列縦隊の全員がぴたりとくっつき、横から眺めていて、どこにも隙間がない。巨体なのに、かすかな物音さえ立てない。それでいて速い。私は音のない貨物列車の通過を見ている思いだった。

もう一度は、アカオザルの7頭の集団が、すぐ近くの枝までのぞきにやってきた。そして大柄なオスが、長い尾を真上に立て、顔を上下に振り、前足をしきりに屈伸させて、懸命に威嚇する。だが、その仕草は、笑いがこぼれそうになるほど愛くるしかった。

就職してからの30年余りは、アマゾン通いを続けた。何種類ものサル類の生態や行動を比較研究するためだが、そこでも、何本も木に登った。

アマゾンは、いまでは、その気になれば誰でも旅することができる。しかし、生物多様性に富んだ世界最大の熱帯雨林の、絢爛豪華なほんとうの姿は、大河に船やカヌーをいくら走らせても、森の奥深くに分け入って何日歩き続けても、なかなか見えてこない。アマゾンの真骨頂は、原始の森の、高さが優に40メートルを超す巨木の連なりの頂き、キャノピー（林冠部（りんかんぶ））にこそ展開するからだ。

キャノピーへ登るのに用意したのは、アルミ製のごく軽い、3メートルの梯子15本と、それをつなぎとめるボルト、梯子を幹に固定するロープだけだ。熱帯雨林の木々の幹は真っすぐだから、梯子を順に、上へ上へとつないでいけばいい。キャノピーに達するまでの作業は、現地の助手と2人で、2日もあれば十分だ。そこに、板を2、3枚使って、座れる簡単な観察台を作る。

キャノピーを代表する生きものは、鳥とサルである。いずれも、熟れた木の実が大の好物で、一本の巨木が実をつけると、みなが次々に集まってくる。ところがアマゾンでは、多くの種類の木が、どの季節に、また何年ごとに実をつけるかといった、周期性を持たない。したがって、普段は森を歩き、実をつけている木が見つかると、実が熟れ始める直前に、その木が丸見えになる近くの木に、梯子をくくりつける。

実が熟れると、とくに朝方は、30種類以上の、何百羽という鳥が、連綿と続く緑の樹海から、沸くがごとくに現われる。いずれも、目を疑いたくなるほどの極彩色だ。しかも、陽の当たる角度で、メタリックに輝く色彩がさまざまに変化する。サルも、森ごとに7、8種類いて、真っ黒なサル、真っ赤なサル、真っ白なサル、黄金色のサルと、鳥に負けず劣らず色鮮やかだ。そして、鳥もサルも、いつものことだから、私に一切無関心である。

鳥とサルの饗宴は、実が食べ尽くされるまで3週間ほど続く。板の上に直接だから、座り心地はけっしてよくない。しかし、そこに座っていると、五感がどんどん研ぎ澄まされていくのがわかる。生きものたちの感覚の世界に近づいていくのも実感できる。

饗宴が終われば梯子を撤去し、森を歩きながら、別のどの木かが、次に実を鈴なりにつけるまで待つ。

いつか、でっかい自然に会いにいく日のために、子どもたちよ、まずは素手での木登り遊びから始めよう。

おとなの都合、子どもの都合

ひとり、自然に身を置いていると、考えることが多い。子どもと一緒にいると、考えさせられることが多い。とくに昨今は、環境教育について、いろいろと考え、考えさせられている。

子どもへの環境教育として、よく実施されるものの一つが、身近な川や沼の水質調査である。ポリびんや試験管を持った子どもが、そろいのジャージーのズボンをひざまくりし、水に入る。汲んだ水に、用意された試薬を入れる。透明な水が、あるときは劇的に着色し、あるときは変化しない。教師の声が背後から聞かれる。「この水は○○に汚染されたきたない水です、わかりますね」、「この水はきれいですよ」、「みんなで、汚れた原因を調べましょう」。

テレビの地域ニュースに映し出される、このような実践例を見るたびに、ある種のうさん臭さを覚えるのは私だけだろうか。教師はそのあと、両方にすむ水生動物を捕まえさせたりする。きれいな水にすむ生物は善玉で、きたない水にすむ生物は無視されるか、悪者扱いだ。さらに教師は、「人間と生物の共生」について、自信ありげに説教する。

しかし、私にとって、川や沢、沼や湖の水がきれいかきたないか、その唯一の基準は、飲めるか飲めないかである。子どもと山を歩くと、水筒やペットボトルを空にしてしまった誰もが聞く。「この水、きれいですか」と。この「きれい」は「飲める」と同義語なのだ。

宮城県金華山には、黄金山（こがねやま）神社の宮司（ぐうじ）以外、人は住まない。海抜445メートルの頂上から、たくさんの小さな沢が、急斜面を下って太平洋に注ぐ。そして、どの沢を選んでも、源流から海辺まで、子どもの足で1時間もあれば探検できる。途中に湧き水があり、伏流がある。かわいい滝がある。シカのぬた場になった湿地がある。スギの植林地も、伐開地もある。

子どもはすぐに、飲めるか飲めないかを判断できるようになる。それどころか、どの沢の水がうまいかも、沢の一つ一つに固有の味があることも、得意げに理解する。

金華山に学生を連れていったときのことである。東側の、太平洋に面した磯に出て、大きな岩の上で昼飯にする。そのとき、喉がかわいたのだろう、すぐ前に座った女子学生が、「あそこの水飲めますよね」と聞く。彼女が指差しているのは泡立つ波打際である。信じがたい問いだ。「汚染されていないから大丈夫だろう」、私はそう冗談をいうのが精一杯だった。

テレビによく映し出される、もう一つの環境教育の実践例は、子どもの空きかん拾いだ。空きかんだけでなく、なんでもありのごみ拾いも多い。子どもが班に分かれて、班ごとに隊列を組み、黒いビニール製の大きなごみ袋を引きずって歩く。車の激しく往き交う道路脇に、重く鋭い視線を投げかけては、腰をかがめる。

終わって校庭に戻り、班ごとに拾った空きかんの数を競う。「僕の班はこんなにたくさんだ。1、2、3、……」、「私の方がもっとだよ」。教師の声が子どものそういった自慢を中断する。「みんな、たくさん拾ったね。じゃあ、空きかんやごみについて、教室に入って、みんなで考えてみよう」。

教室の中で、教師が子どもにいったいなにを考えさせるのか、テレビカメラはそこまでは追わない。私も見たくない。そこにもうさん臭さがにおうからだ。おとな捨てる人、子ども拾う人。この実践は、出発点からして、どうにもおかしい。

おとな捨てる人、だから拾う人、ほんとうはそこまででいいのであって、教育としてどうしても必要なら、ボランティア活動が叫ばれ、週休二日制になった今日のことだから、教育委員会の全職員と、学校のすべての教職者、社会教育等に関わるおとな全員が、もちろん業者も含めて、定期的に空きかん拾いをし、子どもには楽しい観覧席をつくって、そこから、囃し立てさせるしかないだろう。おとなが作って儲け、おとながその便利さを享受しているのだから、〝つけ〟は当然、彼らが支払うべきだ。

水質汚染や産業廃棄物をはじめ、ダイオキシン、環境ホルモン、酸性雨、オゾンホール、地球温暖化、熱帯雨林の破壊、希少生物の絶滅、地球の砂漠化などなど、危機的な環境問題は枚挙にいとまがない。関連する出版物はあまりにも多く、新聞紙上にも毎日のように登場する。ヒステリックに危機を煽るテレビ番組も、数え上げたらきりがない。

だからだろうが、このような環境問題を、学校で児童や生徒に教える時間数は、年と共に増えている。「総合的学習」という時間の導入で、それはさらに多くなるだろう。

私は教員養成大学にいる関係で、附属の小学校や中学校で、全校生徒を対象に、あるいは新入生に、環境についてなにか話すよう、頼まれることがよくある。

その冒頭で、どんな環境問題を知っているか、生徒に聞くことにしている。そして、いつも驚かされる。中学校に入学したばかりの生徒でも、主な環境問題のほとんどを知っているのだ。次々に手をあげ、得意げに答えてくれる。その様子に満足げな、うしろに立つ教師たちの笑顔。いったいこれはなんなのだ。

環境問題が、解決しなければならない最重要課題の一つになっているのは、人類の未来に想いを馳せるからだ。人類の未来とは、子どもの将来と同じである。

おとなが、いまもって解決できないどころか、年々悪化させている、未来に対して暗く重く絶望的なこの問題を、おとな自身が、その結果として得ている欲望の充足に易々諾々としながら、なぜに、教壇から子どもに説教し、丸暗記させ、テストまでも課すのだろう。

それらの授業を通して、子どもが直感的に学び取るもの、それは、環境問題に果敢に立ち向かう勇気や情熱ではなく、そんなことなら、刹那的に生きた方がましだという教訓ではないだろうか。授業はおそらく、子どもの将来に、一片の夢も希望も与えはしない。

こと環境問題にかぎらず、学校教育は、明治以来延々と、知識を教えることに比重を置き過ぎてきた。あるいは、知識というものが体系化されたものをいうのであれば、学校で教える知識は、むしろ情報といいかえたほうがいい。つまり、情報の詰め込み作業という側面が、非常に強いように思えてならない。

たくさんの情報が、個々人のなかで整理され、体系化されて、初めて知識となる。その知識を自らのものの見方、考え方や生きざま（人生観や価値観、自然観）にまで消化し切れたとき、それは知恵と呼ばれる。

とくに環境問題は、まさに、この知恵と深く関わったところに存在するからこそ、いまのおとなの能力をもってしても、解決が難しいのである。

学校教育が児童や生徒に詰め込んでいる、溢れんばかりの暗く深刻な情報は、高校生以上を対象にしても、けっして遅過ぎはしないだろう。道路や公園の落葉はおとなが清掃すればいい。山の落葉は、子どもがスキップしながら踏みしめればいい。

子どもがもし、将来、主体的に環境問題に取り組むようになるとしたら、最大の動機づけは、豊かな自然の中で心ゆくまで遊び戯れることだと、私は信じて疑わない。

いま、おとなが環境教育として子どもにしてやれること、それは、水質調査やごみ拾いやダイオキシンの解説ではない。それは、地域ごとに、もっとも生物多様性に富んだ自然を、万難を排して護り、地域のすべての子どもに開放することしかないだろう。

話は少しそれるが、学校教育のなかで、現在やたらと叫ばれている「感性を育む教育」や「感性を豊かにする教育」について、ちょっと考えてみよう。そこでいう感性とはいったいなんなのか。不思議なことに、それをいう文部科学省や教育委員会も、現場の教師も、感性とはなにかを、問うことも、定義づけることもしていない。当然、みなが好き勝手に屁理屈をこねながら、あれこれ適当にやるだけで終わってしまう。それで困惑し、迷惑するのは子どもの側だ。

おとなと子どもの五感についてだが、その違いは、話し言葉の習熟過程を参考にすると、じつにわかりやすい。おとながいま、外国語の会話を学ぼうとすれば、意を決して、机の前に座らなければならない。ねじり鉢巻での勉強の世界だ。それでも発音は、いつまで経ってもおぼつかないし、ヒヤリングは絶望的だ。一方、子どもは、幼ければ幼いほど、嬉々として覚え、あっという間にしゃべれるようになる。しかも、しゃべることは、子どもにとって快感すら伴う。

おそらく五感も、それを十二分に使うことは、子どもには、じつに楽しく、熱中してしまうことであるに違いない。結果として、ひとりひとりの感覚が研ぎ澄まされていく。研ぎ澄まされた五感は、たくさんのものを素直に受け止める。子どもの感受性が必然的に育まれる。そのとき、おとなにとって重要なのは、子どもの感受性は、教えてどうなるものではないという点と、感受性がどのくらい豊かになったかを計る、客観的尺度など存在しないという点の、厳格な認識である。

ひとりひとりが持つ、個性と呼んでもいい、それぞれに育んだ感受性を通して、心の奥底に、神秘や驚異、美や調和、愛や理想、希望や願いといった、諸々のものが堆積されていく。そして、おとなになったいつの日か、文学や芸術や思想や科学として、蓄積されたものがほとばしるように表現されたとき、私たちは初めて、放出された作品や結果から、その人の持つ感性を、少しは推し量ることができるに過ぎない。

そのような感性を、教師は子どもに、授業でどうやって教えるというのだろう。こういうことができるのは、唯一、豊かな自然だけである。そして、まったく同じことが、先に環境問題について述べた、子どもの知育についてもいえる。すなわち、子どもにとって、問うて学ぶ楽しい作業も、五感をどこまでも研ぎ澄ます愉快な作業も、それをするにふさわしい場が必要であり、それは閉ざされた教室の中では絶対にない。

「地球もまた宇宙に浮かぶ小さな星の一つだ。しかし、青く輝く、あまりにも美しい星だ」。ユーリ・ガガーリンやジョン・グレンら、最初の宇宙飛行士たちの宇宙からのメッセージこそ、子どもたちへの、最大の哲学的贈りものといえるだろう。

子どもたちの好きな生物

樹液に集まる昆虫。ミヤマクワガタやカナブンなどが集合する

上：アリとダイモンジソウ　働き者がちょこまかと物色。甘い香りがするのだろうか

子どもたちの好きな生物

左：フキバッタ　ユーモラスな顔に笑うが、彼も同じ思いかも？

上：ベッコウハゴロモの幼虫　あれっ、消えた。ピョーンと大ジャンプし逃げたのだ

上：ニホンザリガニ　絶滅寸前。清くゆるやかな流れを好む。砂地も必要だ

右：捕食するカマキリ　三角形の顔、小さな目が冷淡さをきわ立たせる

おわりに

伊沢紘生

新たに書き下ろした分を含め、とりあえずの完成原稿を出版社に送ったのは、昨年12月18日、例年通りの日程で青森県下北へサルのセンサス（群れの数と頭数の調査）に向かう前々日だった。

その少し前には、これも恒例の、宮城県金華山へサルのセンサスにいったが、そこでは群れの分裂が起こっていた。島の南部にすむ、半世紀以上も群れのまとまりを維持し続け、行動圏もほとんど変えないできた群れにである。しかも、分裂で誕生した2群のうち一方は、残り5群がひしめく島の北東部に行動圏を確立しようとしていた。面積が10平方キロメートルに満たない狭い閉鎖環境の中で、この群れは、ほかの5群や分裂したもう一方の群れと、今後どうつき合っていくのだろう。

金華山での新たな事態に、後髪を引かれる思いで向かった下北では、積雪が全くなかった。こんな冬期調査は初めてである。群れの発見は雪上の足跡に頼れないので、鉢合せを期待し、ひたすら林道を歩くしかない。

そうしながら私は、いたる所に顔を出しているフキノトウに驚かされる。どれも苞（ほう）がまだ開かず（蕾の状態）、最高の食べ頃だ。そうすると、例年の12月下旬の積雪下でも、やはり苞は出ているのか。雪のない今年だけの例外的な現象なのか。2月の石川県白山では、積雪の下に苞が出ているのを毎年見ているが。

フキノトウの採取中、あるものに目が留まる。急斜面を強引に削った林道のそこかしこに、常緑のジュウモンジシダが生育しているが、ヤマドリの食痕は路肩にしかないのだ。そうか。以前、白山でキツネに襲われ、間一髪難を逃れたように見えたあのオスは（115頁参照）、じつは余裕の回避だったのかもしれない。路肩ぎりぎりで食べていれば、捕食者に捕まる直前、路肩をひと蹴りするだけでいい。そのまま滑空して、なんなく逃げ切れるからだ。

年が明けた2月には、白山にサルのセンサスにいく。雪がときどきちらつく2日間のあと、3日目の午後からは本降りになった。その少し前から、私は自然観察舎（135頁参照）にいたが、真正面、お椀を伏せた形の山毛欅尾山（ぶなおやま）の急斜面を、雪雲が上下動を繰り返しながら、ゆっくり覆い始めていた。

その、濃霧のような雪雲の底ぎりぎりにイヌワシが飛来し、小さな弧を描いて15回ほど旋回する。こんなに低くを、しかもトビそっくりに舞うのを見たのは初めてだ。ただ数分後には、イヌワシも正面の急斜面も重い雪雲にかき消された。

2日後の昼下り、私は同じ自然観察舎から、急斜面の中腹を、下流に向かって移動するサルたちをカウントしていた。その間、観察舎から見える山毛欅尾山のてっぺん（頂上はさらに奥にあって見えない）の上空で、イヌワシが旋回しては、地上の獲物を襲うときの急降下を2回見た。旋回したあと、てっぺんの木に止まるのは3回見た。群れのカウント中だったので見落としはあるが、上空で何回も舞う行動と、真一文字の急降下と、木にしばらく止まる行動は、途中姿の見えない時間を含め、延々2時間近く続いた。

私は前々日とこの日の、いずれも初めて目にする行動から、奥山に君臨するイヌワシにも意外な弱点のあることを知った。

このように、原稿を送ったあとも、フィールドに出るたびに、エッセイの題材になる得難い体験をいくつもさせてもらっている。

ところで本書は、下北で30年近くサルのセンサスを共に行ってきた動物写真家、松岡史朗氏とのコラボによる、類例を見ない斬新なつくりになっている。そして、私の本書に賭ける思いから、編集を担当された光明義文氏には大変なご苦労をおかけした。デザインを担当された遠藤勁氏に対してもしかりである。おそらくおふたりは、「伊沢っていったいなにを考えているのか」と幾度も思われたことだろう。それでも最後まで、私の出過ぎた要望や注文の一つ一つに耳を傾けていただいた。おふたりにはひとえに、お詫びとお礼と感謝を申し上げる次第である。

なお、本書に収めたエッセイは、仙台市の宮城教育大学に在籍した最後の3年間と、そのあと籍を置いた山梨県上野原市の帝京科学大学の4年間、毎日新聞宮城版に連載したものが中心になっている。ほかに、ほぼ同時期に雑誌などに書いたものや、今回書き下ろしたものを付け加えた。

おわりに

松岡史朗

爽やかな4月の風が走り抜ける。野鳥が歌い、草花がほほえむ早春の下北半島。淡い緑の森にサルの群れを追う。新しい命が誕生する季節、つながる命のドラマを見続け30年が過ぎ去った。イタヤカエデの花芽食いに執着していたサルの群れは、木から降りグルーミングへと動きを変えた。2頭3頭がそれぞれ組になり、てんでに広がる。ゆったりと時が流れる中、出産状況を確認、すでに5頭の赤ん坊が誕生していた。

ぼぁーんとした弱々しい顔。母ザルを見つめる視線もおぼろげ。ところが数日もしないうちに大変身、丸々とした大きな瞳が輝く。しぐさもたどたどしく、まさに天使そのものだ。写真家にとっては忙しい日々が続く。あでもない、こうでもないと、かわいらしさの極みを求め心血を注ぐ。

「ニホンザルの本質は、何気ない日常から見えてくるものなのか、それとも予期せぬ出来事で表出するものなのか」。これぞ下北のサルという一枚の写真を追求し、思い悩んでいた私は、ある霊長類学者に意見を求めた。ふぅーんと深いため息の後、ポツリと呟かれた。「両方だ」と。

一刀両断な回答を期待していた私は、ますます深い霧に包まれた。ただ、この教えをきっかけに、命の本質は生きものが内包しているのではなく、命を見つめる観察側の洞察力で見えてくるものとの考えにたどり着く。命の本質は一枚の写真では表現できず、『これぞ』から『これも』へと、撮影の幅が広がる。肩の荷が取り除かれたのだ。

写真はあくまでも記録だ。シャッターを切る瞬間は〝今〟には違いないが、その今は流れ去り過去となる。写真家は今をいかに表現するかが勝負だ。というものの、私は多くの決定的瞬間を撮り逃してきた。シャッターを切ることより、目の前の事象を見入ってしまう癖があるのだ。恥ずかしながら写真家としては失格者、後悔と反省は何度もあった。

今回、伊沢紘生氏と共著で出版することになった。伊沢氏とはNPO法人ニホンザル・フィールドステーションの理事長と事務局長の間柄。サル調査の夜、サル談義に花が咲くこともしばしば。卓越した着眼点には頷かされることばかりだ。第2章の大移動の一節、「ニホンザルの祖先が、無人の原野を肩で風を切って北上していく姿」というくだり、生態学・サル学という原野を肩で風を切って颯爽と歩く伊沢氏と重なる。伊沢氏はまさに先駆者、足を引っ張らないことを心掛けた。

デザインの遠藤勁氏、編集の東京大学出版会の光明義文氏の両氏に大変お世話になった。遠藤氏は手掛けられた写真集も多く、どれも臨場感にあふれる作品ばかり。一度はご一緒したかった私の夢が今回叶えられた。光明氏にはポジフィルムとデータと2種類の写真をどっさりと送り、管理上煩雑になったことをお詫びしたい。また、下北のサルをはじめ、被写体となってくれた生きものにも感謝したい。がさつなおっちゃんを受け入れてくれてありがとう。

グルーミングをしていたサルの群れが移動を始めた。赤ん坊を胸に抱き親子が斜面を下る。「クゥ、クゥ」まろやかな鳴き声で若者ザルが後を追う。「さぁ、行くぞ!」サルに呼びかける。リュックの重さも苦にならない。どんな命の輝きを見せてくれるのだろう。

エッセイの初出一覧（出典）

第１章　誇り高く生きる

捕らわれの身の哀しい歴史（2007年９月／毎日新聞）、人が失った自然の治癒力（2006年４月／毎日新聞）、サルにとっての死（2008年６月／毎日新聞）、食物を選ぶ自由（2006年12月／毎日新聞）、感激と宿題（2005年４月／毎日新聞）、天災と人災と（2008年７月／毎日新聞）、哀愁（2004年３月／毎日新聞）、音を楽しむ（2015年５月／宮城県のニホンザル）

第２章　群れるということ

大移動（2003年５月／毎日新聞）、謎が解けた感動の瞬間（2005年５月／毎日新聞）、メスの強固な結びつきの意外な危うさ（2004年１月／毎日新聞）、足るを知る（2005年１月／毎日新聞）、予期せぬ決着（2007年４月／毎日新聞）、ササ藪のけもの道（2008年12月／毎日新聞）、例外的な三つの現象（2007年６月／毎日新聞）、サルの目線でサルを見る（書き下し）

第３章　奥深き山で

雪上の足跡（2006年１月／毎日新聞）、霧の中の寸劇（2006年９月／毎日新聞）、生死を分かつ「壁」がある（2007年３月／毎日新聞）、食文化の根の深さ（2009年２月／毎日新聞）、たがいにシャイな関係（2005年10月／毎日新聞）、単純な心と体（2008年10月／毎日新聞）、頭上への弱さ（2004年８月／毎日新聞）

第４章　野生と人と

サル対策の目指す先（2004年２月／毎日新聞）、切り札はなにか（2005年７月／毎日新聞）、群れが持つ強い意志（2008年２月／毎日新聞）、「犬猿の仲」のほんとうの意味（2006年６月／毎日新聞）、肝っ玉が据わっている（書き下し）、サルに馬鹿にされていないか（2007年１月／みんぱく）、保護から共生、そして管理へ（2014年１月／東北野生動物保護管理センター・ホームページ）

第５章　けものたちのドラマ

雪の舞台（2008年４月／毎日新聞）、生命の炎が燃え立つ刹那（2014年７月／東北野生動物保護管理センター・ホームページ）、陰と陽（2005年12月／毎日新聞）「首なしカモシカ」のピースサイン（2006年３月／毎日新聞）、人の道とけもの道（2003年９月／毎日新聞）、哀しきクマ棚（2007年１月／毎日新聞）、シカとカモシカの糞の見分け方（2009年４月／毎日新聞）、イノシシとゾウの牙（書き下し）、短足の効用（書き下し）

第６章　生きものたちの世界

カワセミのしたたかさ（2007年10月／毎日新聞）、ハヤブサに魅せられて（書き下し）、クマタカがサルを襲うとき（書き下し）、夜の山道（2006年７月／毎日新聞）、ケセランパサランという不思議な虫（2003年６月／毎日新聞）、トンボに夢中になる（2003年７月／毎日新聞）、日本のセミとアマゾンのツノゼミ（2005年８月／毎日新聞）、冬虫夏草を探して（2006年10月／毎日新聞）、刺激的な落葉樹林（2005年３月／山ありて）、“木っぷり”を見る（2007年７月／毎日新聞）、カエデ類にはまる（書き下し）、キイチゴは空木（うつぎ）だった（書き下し）、シダ植物の面白さ（2008年１月／毎日新聞）

第７章　子どもたちとともに

１年生の昆虫分類（2004年11月／毎日新聞）、伊沢のおっちゃん（2004年５月／毎日新聞）、対象への温度差（2004年10月／毎日新聞）、木登りのすすめ（2013年３月／地球のこども）、おとなの都合、子どもの都合（2000年５月／エコソフィア・自然と人間をつなぐもの）

伊沢紘生略歴
1939年　東京都に生まれる
1963年　京都大学理学部動物学科卒業
1968年　京都大学大学院理学研究科博士課程修了
(財) 日本モンキーセンター研究員、宮城教育大学教授、帝京科学大学教授などを経て
現在　宮城教育大学名誉教授、宮城のサル調査会会長、理学博士
専門　霊長類学・自然人類学・環境教育学

主要著書
『さよならブルーシ』(1975年　日本放送出版協会)
『下北のサル』(編著　1980年　どうぶつ社)
『ニホンザルの生態』(1982年　どうぶつ社)
『野生に聴く』(1986年　径書房)
『ニホンザルの山』(1997年　フレーベル館)
『野生ニホンザルの研究』(2009年　どうぶつ社)
『新世界ザル——アマゾンの熱帯雨林に野生の生きざまを追う(上・下)』(2014年 東京大学出版会)
ほか多数

松岡史朗略歴
1954 年　兵庫県に生まれる
1977 年　麻布獣医科大学（現麻布大学）獣医学部獣医学科卒業、獣医師
「下北半島のサル調査会」地元世話人として、下北のサルの実態生息調査などに携わる
現在　「NPO法人 ニホンザル・フィールドステーション」の事務局長。下北のサルをはじめ「いのち」を対象とした写真家

主要著書
『しぜん・にほんざる』(1993 年　フレーベル館)
『ひとりぼっちの子ザル』(1994 年　講談社)
『「クゥ」とサルが鳴くとき』(2000 年　地人書館)
『アニマ』(平凡社)、『シンラ』(新潮社) で写真発表
『ようこそ、サルの国へ』(1996 年　共同通信社配信で地方紙に発表)
『いのちの半島　春・夏・秋・冬』(2008 年以降東奥日報掲載)

自然がほほえむとき

発行日……………2016 年 7 月 15 日　初版
［検印廃止］
著者………………伊沢紘生
松岡史朗
デザイン…………遠藤 勁
発行所……………一般財団法人 東京大学出版会
代表者 古田元夫
153-0041 東京都目黒区駒場 4-5-29
電話 03-6407-1069　振替 00160-6-59964
印刷所……………株式会社 三秀舎
製本所……………牧製本印刷 株式会社

ISBN 978-4-13-063347-5　Printed in Japan